从新手到高手

Excel
数据透视表
从新手到高手

宋翔◎编著

清华大学出版社
北 京

内容简介

本书详细介绍了Excel数据透视表的各项功能和使用方法，以及在多个行业中的实际应用。本书各章的先后顺序以创建、设置、使用数据透视表的整体流程来进行安排，便于读者学习和理解。本书包含大量示例，示例文件包括操作前的原始文件和操作后的结果文件，既便于读者上机练习，又可以在练习后进行效果对比，快速掌握数据透视表的操作方法和技巧。

本书共有13章和1个附录，内容主要包括数据透视表的组成结构和常用术语、创建数据透视表的基本流程、创建和整理数据源、使用不同类型的数据源创建数据透视表、创建动态的数据透视表、布局字段、数据透视表的基本操作、改变数据透视表的布局和格式、设置数据的显示方式、组合数据、查看明细数据、刷新数据、排序和筛选数据、设置数据的汇总方式和计算方式、创建计算字段和计算项、创建和编辑数据透视图、在Excel中创建数据模型和数据透视表、使用Power Pivot创建数据模型和数据透视表、使用VBA自动化创建数据透视表，以及数据透视表在销售、人力资源、财务、学校管理中的应用等内容。

本书赠送所有案例的原始文件和结果文件、重点内容的多媒体视频教程、教学PPT、Excel公式与函数基础教程电子书、Excel图表基础教程电子书、Excel VBA实用案例基础教程电子书、Excel文档模板、Windows 10多媒体视频教程。

本书适合所有想要学习Excel数据透视表、制作各类报表及从事数据分析工作的用户阅读，也可作为各类院校和培训班的Excel数据透视表教材。

图书在版编目（CIP）数据

Excel数据透视表从新手到高手 / 宋翔编著. —北京：清华大学出版社，2021.5

（从新手到高手）

ISBN 978-7-302-57617-4

Ⅰ.①E…　Ⅱ.①宋…　Ⅲ.①表处理软件　Ⅳ.①TP391.13

中国版本图书馆CIP数据核字（2021）第033513号

责任编辑：张　敏
封面设计：杨玉兰
责任校对：胡伟民
责任印制：杨　艳

出版发行：清华大学出版社
　　　　　网　　　址：http://www.tup.com.cn，http://www.wqbook.com
　　　　　地　　　址：北京清华大学学研大厦A座　　　邮　　编：100084
　　　　　社 总 机：010-62770175　　　　　　　　　邮　　购：010-83470235
　　　　　投稿与读者服务：010-62776969，c-service@tup.tsinghua.edu.cn
　　　　　质量反馈：010-62772015，zhiliang@tup.tsinghua.edu.cn
印 装 者：北京鑫海金澳胶印有限公司
经　　销：全国新华书店
开　　本：185mm×260mm　　　印　　张：16　　　字　　数：435千字
版　　次：2021年5月第1版　　　印　　次：2021年5月第1次印刷
定　　价：69.80元

产品编号：089992-01

前　言

　　编写本书的目的是为了帮助读者快速掌握 Excel 数据透视表的各项功能及使用方法，顺利完成实际工作中的任务，解决实际应用中的问题。本书主要有以下几个特点：

　　（1）本书各章的先后顺序以创建、设置、使用数据透视表的整体流程来进行安排，便于读者学习和理解。读者可以根据自己的喜好选择想要阅读的章节，但是按照本书各章的顺序进行学习，将会更容易掌握本书中的内容。

　　（2）本书包含大量示例，读者可以边学边练，快速掌握数据透视表的操作方法。示例文件包括操作前的原始文件和操作后的结果文件，既便于读者上机练习，又可以在练习后进行效果对比。

　　（3）本书的最后 4 章介绍了数据透视表在不同行业中的实际应用方法，将所学理论知识与实践相结合，快速提升读者的实战水平。

　　（4）本书将每个操作的关键点都使用框线进行醒目标注，读者可以快速找到操作的关键点，节省读图时间。

　　本书内容以 Excel 2019 为主要操作环境，但是内容本身同样适用于 Excel 2019 之前的 Excel 版本，如果您正在使用 Excel 2007/2010/2013/2016 中的任意一个版本，那么界面环境与 Excel 2019 差别很小。不同 Excel 版本对 Excel 数据透视表在操作方面的影响很小，本书中也会适时地给出不同版本之间的操作差异，所以无论使用哪个 Excel 版本，都可以顺利学习本书中的内容。

　　本书包括 13 章和 1 个附录，各章的具体情况见下表。

章　　名	简　　介
第 1 章　数据透视表的基本概念和创建流程	主要介绍数据透视表的基本概念、组成结构和常用术语，以及创建数据透视表的基本流程等内容
第 2 章　创建、导入和整理数据源	主要介绍创建、导入和整理数据源的方法
第 3 章　创建数据透视表	主要介绍创建数据透视表及布局字段的方法，以及数据透视表的基本操作等内容

续表

章　　名	简　介
第 4 章　设置数据透视表的结构和数据显示方式	主要介绍设置数据透视表的结构和数据显示方式的方法，包括数据透视表的布局方式、数据透视表的外观样式、字段项和总计的显示方式、值区域数据的格式、空值和错误值的显示方式、分组显示数组等，还介绍查看和刷新数据透视表中数据的方法
第 5 章　排序和筛选数据透视表中的数据	主要介绍在数据透视表中排序和筛选数据的方法，包括排序规则和排序方法、使用报表筛选字段筛选数据、使用行字段和列字段筛选数据，以及使用切片器筛选数据等内容
第 6 章　计算数据透视表中的数据	主要介绍在数据透视表中对数据执行计算的方法，包括设置数据的汇总方式、设置数据的计算方式、创建计算字段和计算项等内容
第 7 章　使用图表展示数据透视表中的数据	主要介绍创建和使用数据透视图的方法，包括创建与编辑数据透视图、设置数据透视图各个部分的格式、在数据透视图中查看数据、创建和使用数据透视图模板等内容
第 8 章　创建数据模型和超级数据透视表	主要介绍使用 Power Pivot 创建数据模型和数据透视表的方法
第 9 章　使用 VBA 编程处理数据透视表	主要介绍 VBA 编程的基本语法及其相关知识，以及通过编写 VBA 代码创建和设置数据透视表的方法
第 10 章　数据透视表在销售管理中的应用	主要介绍数据透视表在销售管理中的应用，包括汇总产品在各个地区的销售额、分析产品在各个地区的市场占有率、制作销售日报表和月报表等内容
第 11 章　数据透视表在人力资源管理中的应用	主要介绍数据透视表在人力资源管理中的应用，包括统计员工人数、统计员工学历情况、统计员工年龄分布情况等内容
第 12 章　数据透视表在财务管理中的应用	主要介绍数据透视表在财务管理中的应用，包括分析员工工资和分析财务报表两部分内容
第 13 章　数据透视表在学校管理中的应用	主要介绍数据透视表在学校管理中的应用，包括统计师资情况、统计学生考勤情况和学生成绩等内容
附录　Excel 快捷键	列出 Excel 常用命令对应的键盘快捷键，从而提高操作效率

本书适合以下人群阅读：

- 希望掌握 Excel 数据透视表操作和技巧的用户。
- 希望使用 Excel 进行数据处理与分析的用户。
- 经常使用 Excel 制作各类报表的用户。
- 希望通过 VBA 编程自动化创建数据透视表的用户。
- 从事数据分析工作的人员。
- 从事销售、人力资源、财务、学校管理工作的人员。
- 在校学生和社会求职者。

本书附赠以下资源：

- 本书案例文件，包括操作前的原始文件和操作后的结果文件。
- 本书重点内容的多媒体视频教程。

- 本书教学 PPT。
- Excel 公式与函数基础教程电子书。
- Excel 图表基础教程电子书。
- Excel VBA 实用案例基础教程电子书。
- Excel 文档模板。
- Windows 10 多媒体视频教程。

我们为本书建立了读者 QQ 群（566279120），加群时请注明"读者"或书名以验证身份，读者可以从群文件中下载本书的配套资源。如果在学习过程中遇到问题，也可以在群内与编辑或作者进行交流。

目　录

第1章
数据透视表的基本概念和创建流程

作为本书的第 1 章，将介绍数据透视表的一些基本概念，包括数据透视表的定义、使用数据透视表的原因、适合使用数据透视表的场景、数据透视表的结构和常用术语，以及创建数据透视表的基本流程。通过学习这些内容，读者可以快速对数据透视表有一个基本但重要的了解，为后续学习打下基础。

1.1 数据透视表简介

本节将介绍对于初次接触数据透视表的用户而言，最为关心的有关数据透视表的几个基本问题。

1.1.1 什么是数据透视表

数据透视表是 Excel 中的一个数据分析工具，它简单易用、功能强大。使用该工具，用户可以在不使用公式和函数的情况下，通过鼠标的单击和拖曳，就可以基于大量数据快速创建出具有实际意义的业务报表。即使是对公式和函数不熟悉的用户，使用数据透视表也可以轻松制作专业报表，提高数据处理和分析的效率。"报表"是指向上级领导报告情况的表格，报表中的数据经过汇总统计，并以特定的格式展示出来，供人阅读和分析。

对于已经创建好的数据透视表，将其中的"字段"拖动到数据透视表的不同区域，即可快速改变报表的整体布局，从而以不同的视角查看数据。利用"组合"功能，用户可以根据实际业务需求，对相关数据进行灵活分组，以获得适应性更强的数据汇总结果。

使用"计算字段"和"计算项"两个功能，用户可以通过编制公式，对数据透视表中的数据进行所需的自定义计算，从而在数据透视表中添加新的汇总数据，以满足对报表的统计汇总结果有特定需求的用户。

数据透视表不仅为数据提供了行、列方向上的汇总信息，用户还可以使用"数据透视图"功能，以图形化的方式呈现数据，让数据的含义更直观、更易理解。

1.1.2 数据透视表的适用场景

只要是对数据有汇总和统计方面的需求，都适合使用数据透视表来完成。具体而言，下面列举的应用场景比较适合使用数据透视表来进行处理：

- 需要快速从大量的数据中整理出一份具有实际意义的业务报表。
- 需要对经常更新的原始数据进行统计和分析。
- 需要按照分析需求对数据进行特定方式的分组。
- 需要找出同类数据在不同时期的特定关系。
- 需要查看和分析数据的变化趋势。

1.1.3 使用数据透视表替代公式和函数

下面通过一个示例来对比在汇总和统计大量数据时，使用公式 / 函数与使用数据透视表的便捷性之间的差异，从而更好地体现出数据透视表在数据汇总和统计方面所具有的优势。

1．使用公式和函数

如图 1-1 所示为不同商品在各个地区的销量明细，图 1-1 中仅列出了部分数据，实际上包含标题行在内共有 51 行数据。现在需要分别统计各个地区所有商品的总销量。

本例中的数据只有 4 列，并不复杂，但是如果使用公式和函数来实现本例的统计需求，则需要分两步完成。首先需要从 B 列提取出不重复的销售地区的名称，然后根据提取结果，按地区名称对相关商品的销量进行求和。操作步骤如下：

（1）在 F2 单元格中输入下面的公式，然后按 Ctrl+Shift+Enter 快捷键，提取出第一个销售地区的名称，如图 1-2 所示。

```
{=INDEX($C$2:$C$51,MATCH(0,COUNTIF(F$1:F1,C$2:C$51),0))}
```

图 1-1 要统计的数据　　　　图 1-2 提取第一个销售地区的名称

注意：通过按 Ctrl+Shift+Enter 快捷键输入的公式是数组公式，Excel 会自动在这类公式的两侧添加大括号。如果用户手动输入大括号，则会导致公式出错。书中在公式两侧印上大括号，是为了便于读者从外观上区分数组公式与普通公式。

（2）将 F2 单元格中的公式向下复制，直到单元格显示 #N/A 为止，此时将提取出所有销售地区的名称且是不重复的，如图 1-3 所示。

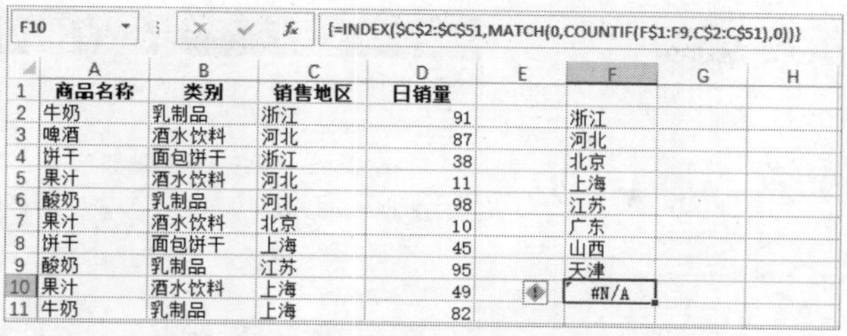

F10　{=INDEX($C$2:$C$51,MATCH(0,COUNTIF(F$1:F9,C$2:C$51),0))}

	A	B	C	D	E	F	G	H
1	商品名称	类别	销售地区	日销量				
2	牛奶	乳制品	浙江	91		浙江		
3	啤酒	酒水饮料	河北	87		河北		
4	饼干	面包饼干	浙江	38		北京		
5	果汁	酒水饮料	河北	11		上海		
6	酸奶	乳制品	河北	98		江苏		
7	果汁	酒水饮料	北京	10		广东		
8	饼干	面包饼干	上海	45		山西		
9	酸奶	乳制品	江苏	95		天津		
10	果汁	酒水饮料	上海	49		#N/A		
11	牛奶	乳制品	上海	82				

图 1-3　提取出所有不重复的销售地区的名称

（3）提取出不重复的销售地区的名称后，在 G2 单元格中输入下面的公式，然后按 Enter 键，计算出第一个销售地区的所有商品的总销量，如图 1-4 所示。

```
=SUMIF(C:C,F2,D:D)
```

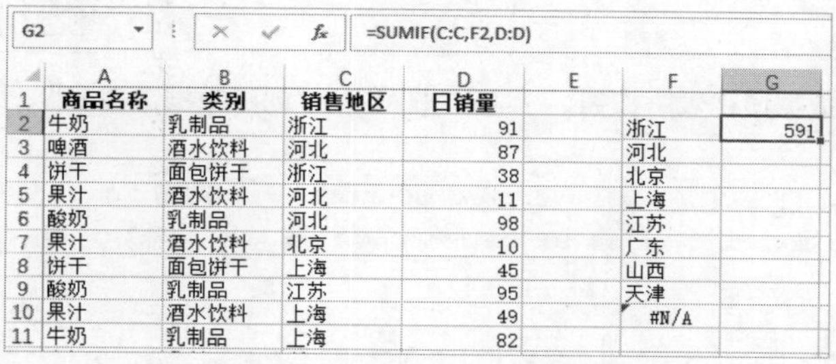

G2　=SUMIF(C:C,F2,D:D)

	A	B	C	D	E	F	G
1	商品名称	类别	销售地区	日销量			
2	牛奶	乳制品	浙江	91		浙江	591
3	啤酒	酒水饮料	河北	87		河北	
4	饼干	面包饼干	浙江	38		北京	
5	果汁	酒水饮料	河北	11		上海	
6	酸奶	乳制品	河北	98		江苏	
7	果汁	酒水饮料	北京	10		广东	
8	饼干	面包饼干	上海	45		山西	
9	酸奶	乳制品	江苏	95		天津	
10	果汁	酒水饮料	上海	49		#N/A	
11	牛奶	乳制品	上海	82			

图 1-4　计算第一个销售地区的所有商品的总销量

（4）将 G2 单元格中的公式向下复制，计算出其他销售地区的所有商品的总销量，如图 1-5 所示。

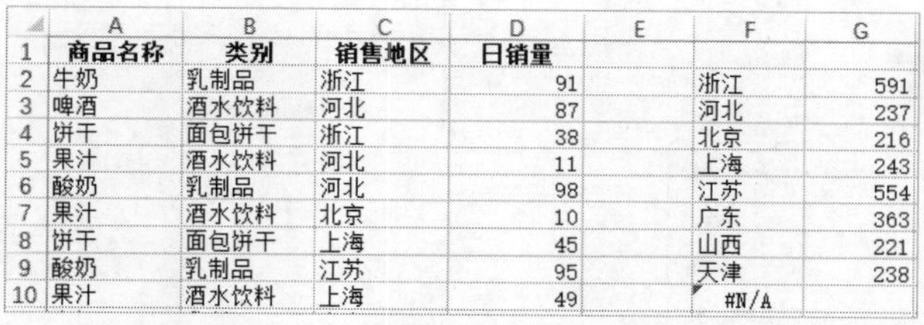

	A	B	C	D	E	F	G
1	商品名称	类别	销售地区	日销量			
2	牛奶	乳制品	浙江	91		浙江	591
3	啤酒	酒水饮料	河北	87		河北	237
4	饼干	面包饼干	浙江	38		北京	216
5	果汁	酒水饮料	河北	11		上海	243
6	酸奶	乳制品	河北	98		江苏	554
7	果汁	酒水饮料	北京	10		广东	363
8	饼干	面包饼干	上海	45		山西	221
9	酸奶	乳制品	江苏	95		天津	238
10	果汁	酒水饮料	上海	49		#N/A	

图 1-5　统计各个销售地区的所有商品的总销量

通过上面的示例可以看出，要使用公式和函数的方法来完成本例中的计算，需要掌握 INDEX、MATCH、COUNTIF、SUMIF 等函数的用法，还要掌握单元格引用和数组公式等概念和技术，在短时间内同时掌握这些内容并非易事。

2．使用数据透视表

如果使用数据透视表来完成本例中的计算，可显著降低操作难度，操作步骤如下：

（1）单击数据区域（本例为 A1:D51）中的任意一个单元格，然后在功能区的“插入”选项卡中单击“数据透视表”按钮，如图 1-6 所示。打开“创建数据透视表”对话框，不做任何更改，直接单击“确定”按钮，如图 1-7 所示。

（2）Excel 自动新建一个工作表，在其中创建一个空白的数据透视表，并显示“数据透视表字段”窗格，如图 1-8 所示。

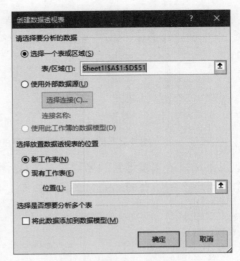

图 1-7 "创建数据透视表"对话框

图 1-6 单击"数据透视表"按钮

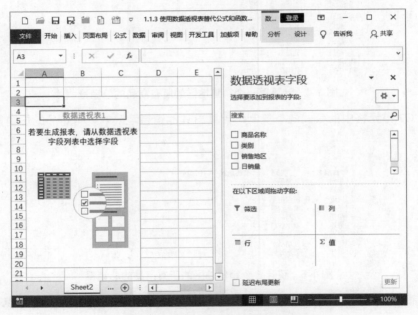

图 1-8 默认创建一个空白的数据透视表

　　（3）使用鼠标将窗格中的"销售地区"字段拖动到"行"区域，将"日销量"字段拖动到"值"区域，即可统计出各个销售地区的所有商品的总销量，如图 1-9 所示。

　　提示：将"日销量"字段拖动到"值"区域之后，该字段在"值"区域中会显示为"求和项：日销量"。

　　通过对比以上两种方法可以看出，第一种方法需要用户熟练掌握多个函数的综合运用及数组公式等相关技术。对于一般用户而言，学习这些内容需要耗费较长的时间。第二种方法不需要使用公式和函数，只需通过单击和拖动，即可快速完成数据的汇总和统计，对于用户是否掌握公式和函数没有任何要求，因此适合所有的 Excel 用户。

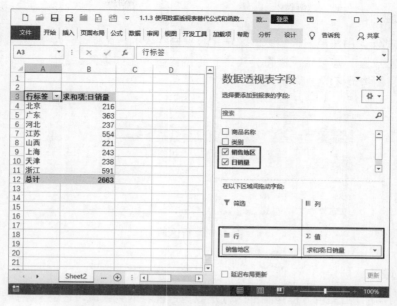

图 1-9　统计各个销售地区的所有商品的总销量

1.1.4　创建数据透视表的基本流程

无论基于何种需求，创建和设置数据透视表通常都需要遵循以下基本流程：

整理原始数据→创建基本的数据透视表→调整字段布局→添加计算字段和计算列→对数据排序、筛选、分组→设置数据的格式。

- 整理原始数据：如果原始数据的格式符合格式规范，则可跳过此步骤。否则，需要对数据的格式进行整理，以免在创建数据透视表时出现错误或数据丢失的情况。
- 创建基本的数据透视表：基于原始数据，创建基本的数据透视表，"基本"是指默认创建的是一个空白的数据透视表。
- 调整字段布局：通过将不同的字段放置到数据透视表的不同区域中，来构建具有实际意义的报表。
- 添加计算字段和计算列：此步骤并非必需，但是在需要对数据透视表中的数据进行一些特定的计算时，则需要执行该步操作。
- 对数据排序、筛选、分组：如果需要，可以像对普通单元格区域中的数据那样，对数据透视表中的数据进行排序和筛选。对于筛选而言，除了使用单元格右侧的下拉按钮进行筛选之外，在数据透视表中还可以使用特有的切片器实现更便捷、更直观的筛选。如果想要从不同的角度查看和分析数据，则可以对数据透视表中的数据按照所需的方式进行组合。
- 设置数据的格式：完成前面的步骤后，对于不再需要改变的数据，可以为数据设置合适的格式，以更直观地展示数据的含义，比如为表示"金额"的数据设置货币符号。

1.2　数据透视表的整体结构

数据透视表包含 4 个部分：行区域、列区域、值区域、报表筛选区域。了解它们在数据透视表中的位置和作用是学习本书后续内容的基础，也是顺利操作数据透视表的前提条件。

1.2.1　行区域

如图 1-10 所示，由黑色方框包围的区域是数据透视表的行区域，它位于数据透视表的左侧。在行区域中通常放置一些可用于进行分类或分组的内容，比如地区、部门、日期等。本例的行区域中显示的是销售地区的名称。

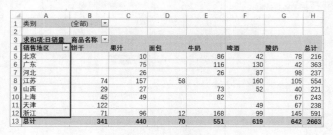

图 1-10　行区域

1.2.2　列区域

如图 1-11 所示，由黑色方框包围的区域是数据透视表的列区域，它位于数据透视表的顶部。列区域的作用与行区域类似，但是很多用户习惯于将包含较少项目的内容放置到列区域，而将项目较多的内容放置到行区域。本例的列区域中显示的是商品的名称。

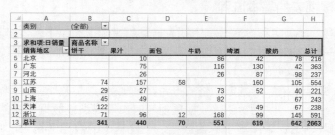

图 1-11　列区域

1.2.3　值区域

如图 1-12 所示，由黑色方框包围的区域是数据透视表的值区域，它是以行区域和列区域为边界，包围起来的面积最大的区域。值区域中的数据是对行区域和列区域中的字段所对应的数据进行汇总和统计后的结果，可以是求和、计数、求平均值、求最大值或最小值等计算方式。默认情况下，Excel 对值区域中的数值型数据进行求和，对文本型数据进行计数。本例的值区域中显示的是每个商品在各个销售地区的累计日销量。

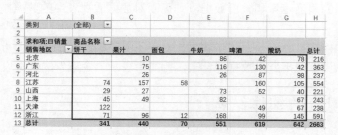

图 1-12　值区域

1.2.4　报表筛选区域

如图 1-13 所示，由黑色方框包围的区域是数据透视表的报表筛选区域，它位于数据透视表的最上方。报表筛选区域由一个或多个下拉列表组成，在下拉列表中选择所需的选项后，将对整个数据透视表中的数据进行筛选，如图 1-14 所示。

	A	B	C	D	E	F	G	H
1	类别	(全部)						
2								
3	求和项:日销量	商品名称						
4	销售地区	饼干	果汁	面包	牛奶	啤酒	酸奶	总计
5	北京		10		86	42	78	216
6	广东		75		116	130	42	363
7	河北		26		26	87	98	237
8	江苏	74	157	58		160	105	554
9	山西	29	27		73	52	40	221
10	上海	45	49		82		67	243
11	天津	122				49	67	238
12	浙江	71	96	12	168	99	145	591
13	总计	341	440	70	551	619	642	2663

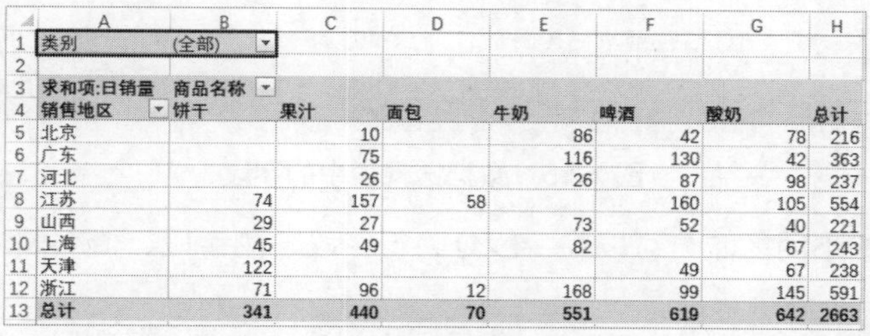

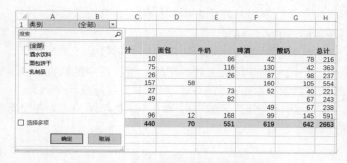

图 1-13　报表筛选区域

图 1-14　报表筛选区域中的下拉列表

1.3　数据透视表的常用术语

掌握数据透视表的一些常用术语，不但可以更好地理解本书内容，还可以更容易地与其他数据透视表用户进行交流。

1.3.1　数据源

数据源是创建数据透视表时所使用的原始数据。数据源可以是多种形式的，比如 Excel 中的单个单元格区域、多个单元格区域、定义的名称、另一个数据透视表等。数据源还可以是其他程序中的数据，比如文本文件、Access 数据库、SQL Server 数据库等。

Excel 对于创建数据透视表的数据源格式有一定的要求，但是这种要求并非十分苛刻。本书第 2 章将详细介绍创建数据源和整理数据源并使其规范化的方法。

1.3.2　字段

如图 1-15 所示，由黑色方框包围的几个部分是数据透视表中的字段。如果使用过微软 Office 中的 Access，那么对于“字段”的概念可能会比较熟悉。数据透视表中的字段对应于数据源中的每一列，每个字段代表一列数据。字段标题是字段的名称，与数据源中每列数据顶部的标题相对应，比如“商品名称”“类别”和“销售地区”。默认情况下，Excel 会自动为值区域中的字段标题添加“求和项”或“计数项”文字，比如“求和项 : 日销量”。

	A	B	C	D	E	F	G	H
1	类别	(全部)						
2								
3	求和项:日销量	商品名称						
4	销售地区	饼干	果汁	面包	牛奶	啤酒	酸奶	总计
5	北京		10		86	42	78	216
6	广东		75		116	130	42	363
7	河北		26		26	87	98	237
8	江苏	74	157	58		160	105	554
9	山西	29	27		73	52	40	221
10	上海	45	49		82		67	243
11	天津	122				49	67	238
12	浙江	71	96	12	168	99	145	591
13	总计	341	440	70	551	619	642	2663

图 1-15　数据透视表中的字段

按照字段所在的不同区域，可以将字段分为行字段、列字段、值字段、报表筛选字段，它们的说明如下。

- 行字段：位于行区域中的字段。如果数据透视表包含多个行字段，那么它们默认以树状结构排列，类似于文件夹和文件的排列方式，用户可以通过改变数据透视表的报表布局，以表格的形式让多个行字段从左到右横向排列。调整行字段在行区域中的排列顺序，可以得到不同嵌套形式的汇总结果。
- 列字段：位于列区域中的字段，功能和用法与行字段类似。
- 值字段：位于行字段与列字段交叉处的字段。值字段中的数据是通过汇总函数计算得到的。Excel 默认对数值型数据进行求和，对文本型数据统计个数。
- 报表筛选字段：位于报表筛选区域中的字段，该类字段用于对整个数据透视表中的数据进行分页筛选。

1.3.3　项

如图 1-16 所示，由黑色方框包围的区域是数据透视表中的项。项是组成字段的成员，是字段中包含的数据，也可将其称为“字段项”。例如，“北京”“天津”和“上海”是“销售地区”字段中的项，“饼干”“果汁”和“面包”是“商品名称”字段中的项。

	A	B	C	D	E	F	G	H
1	类别	(全部)						
2								
3	求和项:日销量	商品名称						
4	销售地区	饼干	果汁	面包	牛奶	啤酒	酸奶	总计
5	北京		10		86	42	78	216
6	广东		75		116	130	42	363
7	河北		26		26	87	98	237
8	江苏	74	157	58		160	105	554
9	山西	29	27		73	52	40	221
10	上海	45	49		82		67	243
11	天津	122				49	67	238
12	浙江	71	96	12	168	99	145	591
13	总计	341	440	70	551	619	642	2663

图 1-16　数据透视表中的项

1.3.4　组

利用“组合”功能，用户可以对字段中的项按照特定的逻辑需求进行归类分组，从而得到具有不同意义的汇总结果。如图 1-17 所示，由黑色方框包围的区域是对数据透视表中的项进行组合后的效果，此处是对各个销售地区按照地理位置进行分组，比如将“北京”“河北”“天津”和“山西”划分为一组，将该组命名为“华北地区”。

	A	B	C	D	E	F	G	H	I
1	类别	(全部)							
2									
3	求和项:日销量		商品名称						
4	销售地区2	销售地区	饼干	果汁	面包	牛奶	啤酒	酸奶	总计
5	⊟华北地区	北京		10		86	42	78	216
6		河北		26		26	87	98	237
7		山西	29	27		73	52	40	221
8		天津	122				49	67	238
9	⊟广东	广东		75		116	130	42	363
10	⊟江苏	江苏	74	157	58		160	105	554
11	⊟上海	上海	45	49		82		67	243
12	⊟浙江	浙江	71	96	12	168	99	145	591
13	总计		341	440	70	551	619	642	2663

图 1-17　组合数据透视表中的项

1.3.5　分类汇总和汇总函数

分类汇总用于对数据透视表中的一行或一列单元格进行汇总计算。如图 1-18 所示，由黑色方框包围的区域是对名为“华北地区”分组中的数据进行的汇总计算，该汇总结果显示了每种商品在华北地区的总销量。

	A	B	C	D	E	F	G	H	I
1	类别	(全部)							
2									
3	求和项:日销量		商品名称						
4	销售地区2	销售地区	饼干	果汁	面包	牛奶	啤酒	酸奶	总计
5	⊟华北地区	北京		10		86	42	78	216
6		河北		26		26	87	98	237
7		山西	29	27		73	52	40	221
8		天津	122				49	67	238
9	华北地区 汇总		151	63		185	230	283	912
10	⊟广东	广东		75		116	130	42	363
11	广东 汇总			75		116	130	42	363
12	⊟江苏	江苏	74	157	58		160	105	554
13	江苏 汇总		74	157	58		160	105	554
14	⊟上海	上海	45	49		82		67	243
15	上海 汇总		45	49		82		67	243
16	⊟浙江	浙江	71	96	12	168	99	145	591
17	浙江 汇总		71	96	12	168	99	145	591
18	总计		341	440	70	551	619	642	2663

图 1-18　数据透视表中的分类汇总

汇总函数是对数据透视表中的数据进行分类汇总时所使用的函数。例如，Excel 对数值型数据默认使用 SUM 函数进行求和，对文本型数据默认使用 COUNTA 函数进行计数。

1.3.6　透视

透视是指通过改变字段在数据透视表中的位置，从而可以快速改变数据透视表的布局，得到具有不同意义和汇总结果的报表，以便从不同的角度浏览和分析数据。如图 1-19 所示，将“类别”和“商品名称”字段放置到行区域，将“销售地区”字段放置到报表筛选区域，得到一个统计各类商品的总销量，以及每个类别下具体商品销量的报表。如果对报表筛选区域中的“销售地区”字段进行筛选，则可以得到特定地区的商品销量情况。

	A	B	C
1	销售地区	(全部)	
2			
3	类别	商品名称	求和项:日销量
4	⊟酒水饮料	果汁	440
5		啤酒	619
6	酒水饮料 汇总		1059
7	⊟面包饼干	饼干	341
8		面包	70
9	面包饼干 汇总		411
10	⊟乳制品	牛奶	551
11		酸奶	642
12	乳制品 汇总		1193
13	总计		2663

图 1-19　对数据透视表进行透视

1.3.7 刷新

修改数据源的内容后,为了让数据透视表反映数据源的最新变化,用户需要执行"刷新"操作。"刷新"的目的是让 Excel 使用数据源的最新数据进行重新计算,以得到最新的计算结果。

本书将介绍手动刷新和自动刷新数据透视表的方法,还将介绍利用动态数据源来创建动态数据透视表的方法,这样在改变数据源的范围时,用户不需要手动为数据透视表重新指定数据源的范围,即可自动捕获数据源的最新范围。"刷新"操作只能更新数据的结果,而无法获悉数据范围的改变。

第 2 章
创建、导入和整理数据源

本章所说的"数据源"是指用于创建数据透视表的原始数据，这些数据可以是用户在 Excel 中从头开始创建的，也可以是通过其他程序创建后导入到 Excel 中的，还可以是由其他程序创建的不导入 Excel 的独立文件。无论哪种形式，都可以将其用来创建数据透视表。为了让创建的数据透视表包含正确完整的数据，应该在创建之前检查数据源的格式，整理和修复格式不规范的数据源。本章将介绍创建、导入和整理数据源的方法。

2.1 数据透视表的数据源类型

创建数据透视表需要原始数据，原始数据可以有多种来源，分为以下几种：
- 一个或多个 Excel 工作表中的数据：最常见的数据源是位于一个工作表中的单元格区域中的数据，但是也可以使用位于多个工作表中的数据来创建数据透视表。
- 现有的数据透视表：可以使用已经创建好的数据透视表来作为创建另一个数据透视表的数据源。
- 位于 Excel 之外的数据：Excel 支持使用其他程序中的数据来创建数据透视表，比如文本文件、Access、SQL Server、Analysis Services 等。

2.2 创建新数据

本节将介绍输入数据的一些常用方法，通过学习这些内容，用户可以快速了解和掌握在 Excel 中输入数据的基本技术和常用技巧。如果读者具有一定的 Excel 使用经验，那么在 Excel 中输入数据通常没有问题，可以略过本节内容。

2.2.1 输入和编辑数据的基本方法

在 Excel 中输入数据有一些基本的方法。输入数据前，首先需要选择一个单元格，然后输入所需的内容。输入过程中会显示一个闪烁的竖线（称为"插入点"），表示当前输入内容的位置，如图 2-1 所示。

图 2-1　输入数据时会显示插入点

　　输入完成后，按 Enter 键或单击编辑栏左侧的✔按钮确认输入。输入的内容会同时显示在单元格和编辑栏中。如果在输入的过程中想要取消本次输入，则可以按 Esc 键或单击编辑栏左侧的✘按钮。

　　按 Enter 键会使当前单元格下方的单元格成为活动单元格，而单击✔按钮不会改变活动单元格的位置。活动单元格是当前接受用户输入的单元格，其外观显示为高亮状态。如果选择了多个单元格，则只有一个单元格是活动单元格。如图 2-2 所示，当前选中了 B3:C6 单元格区域，其中的 B3 单元格是活动单元格。通常情况下，如果按照从左上角到右下角的方向选择一个单元格区域，那么选区左上角的单元格是活动单元格。

图 2-2　选区中的活动单元格

　　提示：在"Excel 选项"对话框的"高级"选项卡中，可以选中"按 Enter 键后移动所选内容"复选框，然后在"方向"下拉列表中选择一项，来改变按 Enter 键后激活的单元格的方向，如图 2-3 所示。

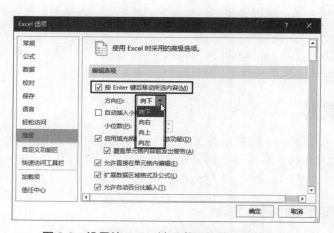

图 2-3　设置按 Enter 键后激活的单元格的方向

　　输入数据时，Excel 窗口底部的状态栏左侧会显示当前的输入模式，分为"输入""编辑"和"点"3 种模式。

1．"输入"模式

单击单元格后输入任何内容或双击单元格，都将进入"输入"模式，此时在状态栏左侧会显示"输入"，如图 2-4 所示。在"输入"模式下，插入点会随着内容的输入自动向右移动。在该模式下只能从左到右依次输入，一旦按下键盘上的方向键，则将结束输入，并退出"输入"模式，已经输入的内容会保留在单元格中。

图 2-4　"输入"模式

2．"编辑"模式

单击单元格，然后按 F2 键或单击编辑栏，都将进入"编辑"模式，此时在状态栏左侧会显示"编辑"，如图 2-5 所示。在"编辑"模式下，可以使用键盘上的方向键或单击鼠标来改变插入点的位置，从而在单元格中的任意位置上输入内容。

图 2-5　"编辑"模式

3．"点"模式

"点"模式只有在输入公式时才会出现。在公式中输入等号或运算符后，按键盘上的方向键或单击任意一个单元格，都将进入"点"模式，此时状态栏左侧会显示"点"，如图 2-6 所示。在"点"模式下，当前选中的单元格的边框将变为虚线，该单元格的地址会被自动添加到等号或运算符的右侧。

图 2-6　"点"模式

如果要删除单元格中的内容，只需选择单元格后按 Delete 键，或者右击单元格后选择"清除内容"命令。如果为单元格设置了格式，那么使用该方法只能删除内容，无法删除单元格的格式。

如果要同时删除单元格中的内容和格式，可以在功能区的"开始"选项卡中单击"清除"按钮，然后在弹出的菜单中选择"全部清除"命令，如图 2-7 所示。

图 2-7　使用"全部清除"命令同时删除内容和格式

2.2.2　快速输入序列数字

如果需要经常输入一系列连续或具有特定递进规律的数字，可以使用 Excel 的填充功能来快速完成。"填充"是指使用鼠标拖动单元格右下角的填充柄，在鼠标拖动过的每个单元格中会自动填入数据。"填充柄"是指选中的单元格右下角的黑色小方块，将鼠标指针指向填充柄时，鼠标指针将变为"十"字形，此时可以拖动鼠标执行填充操作，如图 2-8 所示。

注意：如果鼠标指针没有变为"十"字形，说明当前无法正常使用填充功能，可以单击"文件"按钮并选择"选项"命令，打开"Excel 选项"对话框，在"高级"选项卡中选中"启用填充柄和单元格拖放功能"复选框，如图 2-9 所示，即可启用单元格的填充功能。

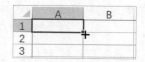

图 2-8　单元格右下角的填充柄

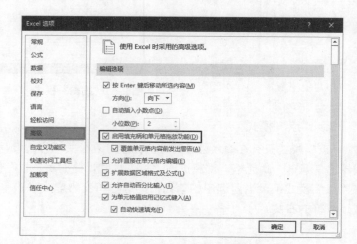

图 2-9　启用单元格的填充功能

如果要使用填充功能在 A 列输入从 1 开始的连续编号，可以使用以下两种方法：

- 在 A1 和 A2 单元格中分别输入 1 和 2，选择这两个单元格，然后将鼠标指针指向 A2 单元格右下角的填充柄，当鼠标指针变为"十"字形时向下拖动，拖动过程中会在鼠标指针附近显示当前单元格的值，当显示所需的最终值时松开鼠标按键，如图 2-10 所示。
- 在 A1 单元格中输入 1，按住 Ctrl 键后拖动 A1 单元格右下角的填充柄，直到显示所需的最终值时松开鼠标按键。

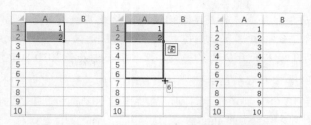

图 2-10　输入序列的前两个值后拖动填充柄

除了通过拖动鼠标的方式填充数据之外，用户还可以直接双击填充柄，将数据自动填充到相邻列的最后一个数据的同行位置。使用该方法填充数据的前提是确保与待填充数据的列的相邻的任意一列中包含数据。

如图 2-11 所示，要在 A 列添加从 1 开始的连续编号，可以先在 A2 和 A3 单元格中分别输入 1 和 2，然后选择这两个单元格，但是不拖动，而是双击 A3 单元格右下角的填充柄，即可快速在 A 列填充连续的编号，最后一个编号与 B 列中的最后一个数据位于同一行。

图 2-11　通过双击填充柄快速填充

注意：如果 B 列数据中间的某个位置存在空单元格，那么在使用双击填充柄的方式对 A 列进行填充时，只会填充到空单元格上方的单元格的同行位置。

如果编号由字母和数字组成，那么只需在一个单元格中输入第一个编号，然后拖动该单元格右下角的填充柄，将自动在拖动过的单元格中输入连续的编号，如图 2-12 所示。

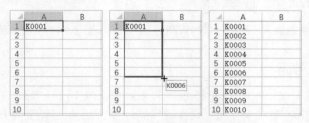

图 2-12　填充由字母和数字组成的编号

2.2.3　快速输入日期

Excel 中的日期和时间本质上都是数值，如果要让输入的数据被 Excel 识别为正确的日期和时间，那么需要按照 Excel 规定的格式来输入。对于 Windows 中文操作系统而言，Excel 将使用以下方式输入的数字识别为日期：

- 在表示年、月、日的数字之间使用"-"或"/"符号，可以在一个日期中混合使用这两个符号，比如 2020-8-6、2020/8/6、2020-8/6。
- 在表示年、月、日的数字之后添加"年""月"和"日"等文字，比如 2020 年 8 月 6 日。

注意：如果在表示年、月、日的数字之间使用空格或其他符号作为分隔符，输入的日期将被 Excel 当作文本对待。如果省略表示年份的数字，则默认为系统当前的年份；如果省略表示日期的数字，则默认为所输入的月份的第一天，比如 Excel 会将 2020-8 看作 2020-8-1。

输入时间时，需要使用冒号分隔表示小时、分钟和秒的数字。时间分为 12 小时制和 24 小时制两种，如果要使用 12 小时制来表示时间，需要在表示凌晨和上午的时间末尾添加"Am"，在表示下午和晚上的时间末尾添加"Pm"。

例如，"8:30 Am"表示上午 8 点 30 分，"8:30 Pm"表示晚上 8 点 30 分。如果时间末尾没有 Am 或 Pm，则表示 24 小时制的时间，在这种情况下，"8:30"表示上午 8 点 30 分，而使用"20:30"表示晚上 8 点 30 分。

注意：输入的时间可以省略"秒"的部分，但是必须包含"小时"和"分钟"两个部分。

如果要在工作表中输入一系列连续的日期，那么可以使用前面介绍过的填充功能来快速完成。在一个单元格中输入系列日期中的起始日期，然后使用鼠标拖动该单元格右下角的填充柄，直到在单元格中填充所需的结束日期为止，如图 2-13 所示。

提示：如果使用鼠标拖动填充柄，可以在弹出的菜单中选择"以月填充""以年填充"等命令，以不同的填充方式快速输入一系列具有不同时间间隔的日期，如图 2-14 所示。

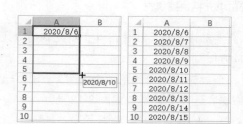

图 2-13　快速输入一系列连续的日期

图 2-14　使用多种方式填充日期

2.2.4　输入身份证号码

Excel 支持的数字有效位数最多为 15 位，如果数字超过 15 位，超出的部分将显示为 0。如图 2-15 所示，在单元格中输入 18 位的身份证号码后，最后 3 位自动变为 0。

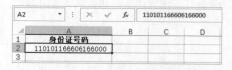

图 2-15　超过 15 位的数字显示为 0

如果要在单元格中正确显示 18 位身份证号码，那么需要以文本的形式输入数字，有以下两种方法：

- 选择一个单元格，在功能区的"开始"选项卡中打开"数字格式"下拉列表，从中选择"文本"，然后输入身份证号码，如图 2-16 所示。

- 在单元格中先输入一个半角单引号"'",然后输入身份证号码。

　　如图 2-17 所示,A2 单元格中的 18 位身份证号码是使用第 2 种方法输入的,输入的单引号只在编辑栏中显示,而不会显示在单元格中。

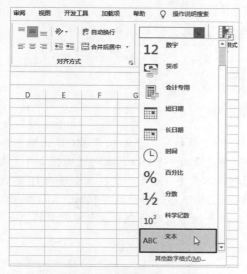

图 2-16　将单元格设置为文本格式

图 2-17　以文本格式输入超过 15 位的数字

2.2.5　从身份证号码中提取出生日期和性别

　　如果工作表中已经包含身份证号码的信息,可以通过公式和函数快速从身份证号码中提取出生日期和性别。18 位身份证号码中的第 7 ~ 14 位数字标识一个人的出生日期。在这 8 位数字中,前 4 位表示出生年份,后 4 位表示出生的月和日。18 位身份证号码中的第 17 位数字标识一个人的性别,如果该数字为奇数,则为男性,否则为女性。

　　如图 2-18 所示,从 B 列的身份证号码中提取员工的出生日期和性别。在 C2 单元格中输入下面的公式并按 Enter 键,然后将公式向下复制到其他单元格,得到每个员工的出生日期。

```
=TEXT(MID(B2,7,8),"0000年00月00日")
```

	A	B	C	D	E
1	姓名	身份证号码	出生日期	性别	
2	任姝	******1983302017334	1983年02月01日		
3	楚专	******1965110939523	1965年11月03日		
4	解夜白	******1978021317646	1978年02月13日		
5	梁律	******1970001272627	1970年01月27日		
6	宋朝训	******1985070976548	1985年07月07日		
7	娄瑜佳	******1976041444828	1976年04月14日		

图 2-18　提取出生日期

　　公式解析:使用 MID 函数从身份证号码的第 7 位开始,连续提取 8 位数字。然后使用 TEXT 函数将提取出的数字格式设置为"年月日"的形式。TEXT 函数的第二个参数中的 0 是数字占位符,其数量决定要设置的数字位数。在本例中,"0000 年 00 月 00 日"是将 8 位数字中的前 4 位表示为年份,第 5 ~ 6 位表示为月份,最后两位表示为具体的日期。

　　在 D2 单元格中输入下面的公式并按 Enter 键,然后将公式向下复制到其他单元格,得到每个员工的性别，如图 2-19 所示。

```
=IF(MOD(MID(B2,17,1),2),"男","女")
```

图 2-19　提取性别

公式解析：使用 MID 函数提取身份证号码中的第 17 位数字，然后使用 MOD 函数判断该数字是否能被 2 整除，如果不能被 2 整除，说明该数字是奇数，MOD 函数的返回值是 1，由于非 0 数字等价于逻辑值 TRUE，所以此时 IF 条件的判断结果为 TRUE，这样就会返回 IF 函数条件为真时的部分，即为本例中的"男"。如果数字能被 2 整除，说明该数字偶数，MOD 函数的返回值是 0，相当于逻辑值 FALSE，此时将返回 IF 函数条件为假时的部分，即本例中的"女"。

下面列出了本例中用到的几个函数的语法格式。

1. MID函数

MID 函数用于从文本中的指定位置开始，提取指定数量的字符，语法格式如下：

```
MID(text,start_num,num_chars)
```

- text（必选）：要从中提取字符的内容。
- start_num（必选）：提取字符的起始位置。
- num_chars（可选）：提取的字符数量，如果省略该参数，其值默认为 1。

2. MOD函数

MOD 函数用于计算两个数字相除后的余数，语法格式如下：

```
MOD(number,divisor)
```

- number（必选）：表示被除数。
- divisor（必选）：表示除数。如果该参数为 0，MOD 函数将返回 #DIV/0! 错误值。

3. TEXT函数

TEXT 函数用于设置文本的数字格式，与在"设置单元格格式"对话框中自定义数字格式的功能类似，语法格式如下：

```
TEXT(value,format_text)
```

- value（必选）：要设置格式的内容。
- format_text（必选）：自定义数字格式代码，需要将格式代码放到一对双引号中。

4. IF函数

IF 函数用于在公式中设置判断条件，根据判断结果得到的逻辑值 TRUE 或 FALSE，来返回相应的内容，语法格式如下：

```
IF(logical_test,[value_if_true],[value_if_false])
```

- logical_test（必选）：IF 函数的判断条件，用于对值或表达式进行测试，如果条件成立，则返回 TRUE，否则返回 FALSE。例如，A1>16 是一个表达式，如果单元格 A1 中的值为 15，由于 15 大于 16 这个条件不成立，所以该表达式的结果为 FALSE。如果 logical_test 参数不是表达式而是一个数字，那么所有非 0 数字等价于 TRUE，0 等价于 FALSE。
- value_if_true（可选）：当 logical_test 参数的结果为 TRUE 时所返回的值。如果 logical_test 参数的结果为 TRUE 且省略 value_if_true 参数的值，即该参数的位置为空，IF 函数将返回 0。例如，IF(A1>16,," 小于 16")，当 A1>16 为 TRUE 时，该公式将返回 0。
- value_if_false（可选）：当 logical_test 参数的结果为 FALSE 时所返回的值。如果 logical_test 参数的结果为 FALSE 且省略 value_if_false 参数，即不为该参数保留其逗号分隔符，IF 函数将返回 FALSE 而不是 0。但是如果保留 value_if_false 参数的逗号分隔符，IF 函数将返回 0 而不是 FALSE。这说明省略参数的值与省略参数将会影响函数返回的最终结果。

2.3　导入现有数据

很多时候，要分析的数据位于 Excel 之外，这些数据是由其他程序创建的，比如文本文件、Access 数据库、SQL Server 数据库以及 OLAP 多维数据集等来源的数据。Excel 支持多种类型的数据，可以将这些数据导入 Excel 并转换为可以识别的格式，然后利用 Excel 提供的各种工具对这些数据进行处理和分析。

2.3.1　导入文本文件中的数据

文本文件是一种跨平台的通用文件格式，适合在不同的操作系统和程序之间交换数据，用户可以很容易地将文本文件中的数据导入到 Excel 中。如图 2-20 所示，要在 Excel 中导入的文本文件有 4 列数据，各列之间以制表符进行分隔。

将该文件中的数据导入到 Excel 中的操作步骤如下：

（1）新建或打开要导入数据的 Excel 工作簿，在功能区的"数据"选项卡中单击"从文本 / CSV"按钮，如图 2-21 所示。

图 2-20　以制表符分隔的数据

图 2-21　单击"从文本 /CSV"按钮

提示：如果使用的是 Excel 2019 之前的 Excel 版本，那么需要单击"数据"选项卡中的"自文本"按钮。

（2）打开"导入数据"对话框，双击要导入的文本文件，本例为"员工信息 .txt"，如图 2-22 所示。

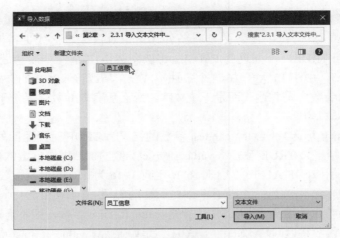

图 2-22　双击要导入的文本文件

　　提示："`.txt`"是文件的扩展名，用于标识文件的类型。图 2-22 中的文件名没有显示扩展名，是因为在操作系统中通过设置将文件的扩展名隐藏了起来。

　　（3）打开如图 2-23 所示的对话框，由于文本文件中的各列数据之间使用制表符分隔，因此应该在"分隔符"下拉列表中选择"制表符"。实际上在打开该对话框时，Excel 会自动检测文本文件中数据的格式，并设置合适的选项。确认无误后单击"加载"按钮。

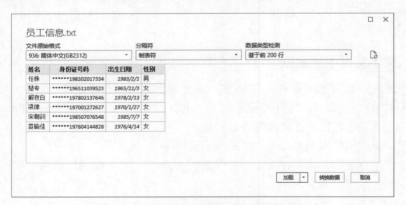

图 2-23　设置与数据格式相匹配的选项

　　提示：如果使用的是 Excel 2019 之前的 Excel 版本，那么打开的将是"文本导入向导"对话框，按照向导提示进行操作即可。

　　（4）Excel 将在当前工作簿中新建一个工作表，并将所选文本文件中的数据以"表格"的形式导入到这个新建的工作表中，如图 2-24 所示。

	A	B	C	D
1	姓名	身份证号码	出生日期	性别
2	任姝	******198302017334	1983/2/1	男
3	楚专	******196511039523	1965/11/3	女
4	解夜白	******197802137646	1978/2/13	女
5	梁律	******197001272627	1970/1/27	女
6	宋朝训	******198507076548	1985/7/7	女
7	娄瑜佳	******197604144828	1976/4/14	女

图 2-24　将文本文件中的数据以"表格"的形式导入 Excel

提示："表格"是 Excel 提供的一种动态管理数据的功能，它可以自动扩展数据区域，还可以在不输入公式的情况下自动完成求和、计算极值和平均值等常规运算。如果需要，可以将表格转换为普通的单元格区域。

2.3.2　导入 Access 文件中的数据

Access 与 Excel 同为微软 Office 组件中的成员，但是 Access 是专为处理大量错综复杂的数据而设计的一个关系数据库程序。在 Access 文件中，数据存储在一个或多个表中，这些表具有严格定义的结构，在表中可以存储文本、数字、图片、声音和视频等多种类型的内容。为了简化单个表包含庞大数据的复杂程度，通常将相关数据分散存储在多个表中，然后为这些表建立关系，从而为相关数据建立关联，以便可以从多个表中提取所需的信息。

Excel 允许用户导入 Access 文件中的数据，操作方法与导入文本文件数据类似。如图 2-25 所示为要在 Excel 中导入的 Access 文件中的数据，将该数据导入 Excel 的操作步骤如下：

图 2-25　要导入的 Access 数据

（1）新建或打开要导入数据的工作簿，在功能区的"数据"选项卡中单击"获取数据"按钮，然后在弹出的菜单中选择"自数据库"|"从 Microsoft Access 数据库"命令，如图 2-26 所示。

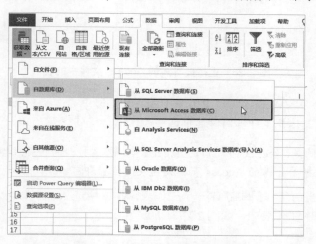

图 2-26　选择"从 Microsoft Access 数据库"命令

提示：如果使用的是 Excel 2019 之前的 Excel 版本，那么需要单击"数据"选项卡中的"自 Access"按钮。

（2）打开"导入数据"对话框，双击要导入的 Access 文件，本例为"员工管理系统 .accdb"，如图 2-27 所示。

提示：.accdb 是 Access 文件的扩展名。

（3）打开如图 2-28 所示的对话框，选择要导入的表，然后单击"加载"按钮。

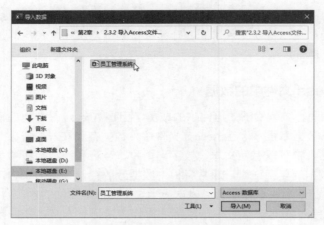

图 2-27　双击要导入的 Access 文件

图 2-28　选择要导入的 Access 文件中的表

提示：可以同时导入 Access 文件中的多个表，只需选中"选择多项"复选框，然后选中要导入的每个表左侧的复选框，即可同时选中这些表。

注意：如果使用的是 Excel 2019 之前的 Excel 版本，那么打开的将是"选择表格"对话框和"导入数据"对话框，选择要导入的 Access 表和放置表的位置即可。

（4）Excel 将在当前工作簿中新建一个工作表，并将所选 Access 表中的数据以"表格"的形式导入到这个新建的工作表中，如图 2-29 所示。

	A	B	C	D	E
1	员工编号	姓名	身份证号码	出生日期	性别
2	ID-001	任姝	******198302017334	1983年02月01日	男
3	ID-002	楚专	******196511039523	1965年11月03日	女
4	ID-003	解夜白	******197802137646	1978年02月13日	女
5	ID-004	梁律	******197001272627	1970年01月27日	女
6	ID-005	宋朝训	******198507076548	1985年07月07日	女
7	ID-006	娄瑜佳	******197604144828	1976年04月14日	女

图 2-29　将 Access 表中的数据以"表格"的形式导入 Excel

2.4　整理数据源

格式不规范的数据源很容易导致数据透视表出现数据不完整或显示有误等问题。在创建数据透视表之前，有必要检查数据源的格式，对格式不规范的数据源进行必要的整理。数据源的常见问题有以下几个：

- 数据源缺少标题行。
- 数据源包含空单元格。
- 数据源包含空行和空列。
- 数据源的某些包含数值的单元格中包含空格。
- 数据源是二维表，同类信息分散在不同的列中。

本节将针对以上几个问题来介绍如何整理和修复格式不规范的数据源。

2.4.1　为数据源添加标题行

如果数据源中的每列数据的顶部没有标题，在创建的数据透视表中将自动使用每列中的第一项数据作为该列的字段标题，这样会导致数据透视表出现结构错误和数据丢失的问题。如图 2-30 所示的数据源的第一行没有标题，使用这种结构的数据源创建的数据透视表如图 2-31 所示。

	A	B	C	D	E
1	芳冷雁	女	22	客服部	7300
2	方阳舒	男	23	销售部	7700
3	吉醉香	女	34	客服部	4200
4	乌紫珩	男	38	人力部	4400
5	庞奇	男	39	销售部	3900
6	冯妙	女	22	客服部	5100
7	金彪	女	43	财务部	4800
8	隆馨桐	男	35	销售部	6500
9	师情	女	28	市场部	6400
10	许弘大	男	22	客服部	4000
11	顾昕宏	男	35	技术部	6000
12	詹振	女	38	财务部	6100
13	蒋雅雪	女	20	信息部	4100
14	胡姚	女	30	信息部	7800
15	尤宽	女	42	销售部	4100
16	谷念一	男	35	人力部	3500
17	应息	女	42	客服部	4300
18	盖凌兰	男	32	技术部	3900
19	高名锟	男	41	工程部	6800
20	时仇	女	25	人力部	5700

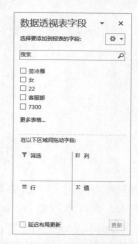

图 2-30　缺少标题行的数据源

图 2-31　使用缺少标题行的数据源创建的数据透视表

解决方法：在数据源的第一行为各列数据添加可以概括描述数据含义的标题。如图 2-32 所示是为各列数据添加标题后的数据源。

	A	B	C	D	E
1	姓名	性别	年龄	部门	工资
2	芳冷雁	女	22	客服部	7300
3	方阳舒	男	23	销售部	7700
4	吉醉香	女	34	客服部	4200
5	乌紫珩	男	38	人力部	4400
6	庞奇	男	39	销售部	3900
7	冯妙	女	22	客服部	5100
8	金彪	女	43	财务部	4800
9	隆馨桐	男	35	销售部	6500
10	师情	女	28	市场部	6400
11	许弘大	男	22	客服部	4000
12	顾昕宏	男	35	技术部	6000
13	詹振	女	38	财务部	6100
14	蒋雅雪	女	20	信息部	4100
15	胡姚	女	30	信息部	7800
16	尤宽	女	42	销售部	4100
17	谷念一	男	35	人力部	3500
18	应息	女	42	客服部	4300
19	盖凌兰	男	32	技术部	3900
20	高名锟	男	41	工程部	6800
21	时仇	女	25	人力部	5700

图 2-32　为数据源中的各列数据添加标题

2.4.2 填充数据源中的空单元格

虽然数据源中包含空单元格并不影响数据透视表的创建，但是在对数据透视表中的数据进行后续处理时可能会出现一些问题。

解决方法：将数据源中的空单元格使用同类型的默认值进行填充，数值型数据的空单元格使用 0 来填充，文本型数据的空单元格使用相同文本来填充。

1. 使用文本填充空单元格

如图 2-33 所示，A 列包含合并单元格，虽然从显示的角度而言，这种格式便于查看，但是却不利于 Excel 处理，在创建数据透视表时会存在一些隐患。

	A	B	C	D	E
1	部门	姓名	性别	年龄	工资
2	财务部	金彪	女	43	4800
3		詹振	女	38	6100
4	工程部	高名锟	男	41	6800
5		顾昕宏	男	35	6000
6	技术部	盖凌兰	男	32	3900
7		劳冷雁	女	22	7300
8		吉醉香	女	34	4200
9	客服部	冯妙	女	22	5100
10		许弘大	男	22	4000
11		应急	女	42	4300
12		乌紫珩	男	38	4400
13	人力部	谷念一	男	35	3500
14		时仇	女	25	5700
15	市场部	师情	女	28	6400
16		方阳舒	男	23	7700
17	销售部	庞奇	男	39	3900
18		隆馨桐	男	35	6500
19		尤宽	女	42	4100
20	信息部	蒋雅雪	女	20	4100
21		胡姚	女	30	7800

图 2-33 包含合并单元格的数据源

对于这种格式的数据，首先取消单元格的合并状态，然后为取消合并后出现的空单元格填充相应的文本。操作步骤如下：

（1）选择 A 列，然后按 F5 键，打开"定位"对话框，单击"定位条件"按钮，如图 2-34 所示。

（2）打开"定位条件"对话框，选中"空值"单选按钮，然后单击"确定"按钮，如图 2-35 所示。

图 2-34 单击"定位条件"按钮

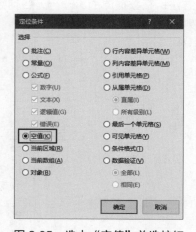

图 2-35 选中"空值"单选按钮

（3）A 列中的所有合并单元格将被全部选中，保持选中状态不变，在功能区的"开始"选项卡中单击"合并后居中"按钮，取消这些单元格的合并状态，如图 2-36 所示。

图 2-36　单击"合并后居中"按钮

（4）取消单元格的合并后，会在 A 列出现一些空单元格。保持第（3）步操作后的选区不变，重复执行第（1）步和第（2）步操作，将选中 A 列位于数据区域中的空单元格。保持选区不变，输入一个等号，然后按一次"上"箭头键，如图 2-37 所示。

（5）按 Ctrl+Enter 快捷键，将在每个空单元格中填充位于该单元格上方的文字，如图 2-38 所示。

图 2-37　在空单元格中输入公式 　　　　图 2-38　将文字自动填入空单元格

2．使用数值填充空单元格

如图 2-39 所示，E 列是员工的工资，其中存在一些空单元格。由于 E 列数据都是数值，因此应该使用 0 来填充 E 列中的空单元格。操作方法与前面介绍的类似，只是省去了取消合并单元格的步骤，而且在选中空单元格后，不需要输入等号，只需输入 0 后按 Ctrl+Enter 快捷键即可，填充结果如图 2-40 所示。

	姓名	性别	年龄	部门	工资
2	劳冷雁	女	22	技术部	7300
3	方阳舒	男	23	市场部	
4	吉醉香	女	34	客服部	4200
5	乌紫珩	男	38	人力部	4400
6	庞奇	男	39	销售部	3900
7	冯妙	女	22	客服部	
8	金彪	女	43	财务部	
9	隆馨桐	男	35	销售部	6500
10	师情	女	28	市场部	6400
11	许弘大	男	22	客服部	4000
12	顾昕宏	男	35	技术部	6000
13	詹振	女	38	财务部	
14	蒋雅雪	女	20	信息部	4100
15	胡姚	女	30	信息部	7800
16	尤宽	女	42	销售部	4100
17	谷念一	男	35	人力部	3500
18	应怠	女	42	客服部	
19	盖凌兰	男	32	技术部	3900
20	高名锟	男	41	工程部	6800
21	时仇	女	25	人力部	5700

图 2-39　数据源中包含空单元格

	姓名	性别	年龄	部门	工资
2	劳冷雁	女	22	技术部	7300
3	方阳舒	男	23	市场部	0
4	吉醉香	女	34	客服部	4200
5	乌紫珩	男	38	人力部	4400
6	庞奇	男	39	销售部	3900
7	冯妙	女	22	客服部	0
8	金彪	女	43	财务部	0
9	隆馨桐	男	35	销售部	6500
10	师情	女	28	市场部	6400
11	许弘大	男	22	客服部	4000
12	顾昕宏	男	35	技术部	6000
13	詹振	女	38	财务部	0
14	蒋雅雪	女	20	信息部	4100
15	胡姚	女	30	信息部	7800
16	尤宽	女	42	销售部	4100
17	谷念一	男	35	人力部	3500
18	应怠	女	42	客服部	0
19	盖凌兰	男	32	技术部	3900
20	高名锟	男	41	工程部	6800
21	时仇	女	25	人力部	5700

图 2-40　使用 0 填充空单元格

2.4.3　删除数据源中的空行和空列

如果在数据源中包含空行或空列，那么在创建数据透视表时，Excel 自动捕获的数据源范围会截止到空行或空列的位置，导致在创建的数据透视表中丢失部分数据。如图 2-41 所示，第 6 行和第 16 行是空行，创建数据透视表之前，活动单元格的位置将决定 Excel 默认使用哪个区域作为数据源：

- 如果活动单元格位于第 6 行以上的位置，Excel 会将数据源的范围指定为 A1:E5。
- 如果活动单元格位于第 16 行以下的位置，Excel 会将数据源的范围指定为 A17:E21。
- 如果活动单元格位于第 6 行与第 16 行之间的位置，Excel 会将数据源的范围指定为 A7:E15。

	姓名	性别	年龄	部门	工资
2	劳冷雁	女	22	客服部	7300
3	方阳舒	男	23	销售部	7700
4	吉醉香	女	34	客服部	4200
5	乌紫珩	男	38	人力部	4400
6					
7	冯妙	女	22	客服部	5100
8	金彪	女	43	财务部	4800
9	隆馨桐	男	35	销售部	6500
10	师情	女	28	市场部	6400
11	许弘大	男	22	客服部	4000
12	顾昕宏	男	35	技术部	6000
13	詹振	女	38	财务部	6100
14	蒋雅雪	女	20	信息部	4100
15	胡姚	女	30	信息部	7800
16					
17	谷念一	男	35	人力部	3500
18	应怠	女	42	客服部	4300
19	盖凌兰	男	32	技术部	3900
20	高名锟	男	41	工程部	6800
21	时仇	女	25	人力部	5700

图 2-41　数据源中包含空行

解决方法：删除数据源中的所有空行和空列，保持数据连续分布。如果数据源的行数和列数较少，可以通过 Ctrl 键和单击来同时选择多个空行或空列，然后右击选中的任意一行或一列，在弹出的菜单中选择"删除"命令执行删除操作。否则想要快速删除数量较多的空行或空列，需要使用其他方法。下面将分别介绍删除空行和空列的方法。

1. 删除数据源中的空行

如图 2-42 所示，数据源包含多个空行，将这些空行删除的操作步骤如下：

（1）在数据区域右侧的一个空列中（如 F 列），输入从 1 开始的自然数序列，如图 2-43 所示。

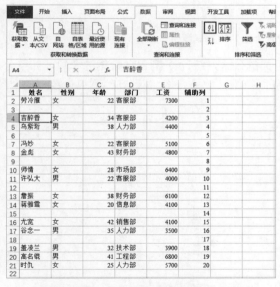

	A	B	C	D	E
1	姓名	性别	年龄	部门	工资
2	劳冷雁	女	22	客服部	7300
3					
4	吉醉香	女	34	客服部	4200
5	乌紫昕	男	38	人力部	4400
6					
7	冯妙	女	22	客服部	5100
8	金虎	女	43	财务部	4800
9					
10	师情	女	28	市场部	6400
11	许弘大	男	22	客服部	4000
12					
13	詹振	女	38	财务部	6100
14	蒋雅雪	女	20	信息部	4100
15					
16	尤宽	女	42	销售部	4100
17	谷念一	男	35	人力部	3500
18					
19	盖凌兰	男	32	技术部	3900
20	高名锟	男	41	工程部	6800
21	时仇	女	25	人力部	5700

图 2-42　包含多个空行的数据源

	A	B	C	D	E	F
1	姓名	性别	年龄	部门	工资	辅助列
2	劳冷雁	女	22	客服部	7300	1
3						2
4	吉醉香	女	34	客服部	4200	3
5	乌紫昕	男	38	人力部	4400	4
6						5
7	冯妙	女	22	客服部	5100	6
8	金虎	女	43	财务部	4800	7
9						8
10	师情	女	28	市场部	6400	9
11	许弘大	男	22	客服部	4000	10
12						11
13	詹振	女	38	财务部	6100	12
14	蒋雅雪	女	20	信息部	4100	13
15						14
16	尤宽	女	42	销售部	4100	15
17	谷念一	男	35	人力部	3500	16
18						17
19	盖凌兰	男	32	技术部	3900	18
20	高名锟	男	41	工程部	6800	19
21	时仇	女	25	人力部	5700	20

图 2-43　在一个空列中输入自然数序列

（2）在 A 列中单击任意一个包含数据的单元格，然后在功能区的"数据"选项卡中单击"升序"按钮（"降序"按钮也可以），对 A 列数据升序排列，如图 2-44 所示。

（3）升序排序后，数据源中的所有空行将位于数据区域的底部，如图 2-45 所示，选中这些空行并将其删除。

图 2-44　对 A 列数据进行升序排列

图 2-45　排序后的空行位于数据区域的底部

（4）在辅助列中单击任意一个包含数字的单元格，然后对该列进行升序排列，使数据恢复最初的位置，如图 2-46 所示。

图 2-46 删除数据源中的所有空行

2．删除数据源中的空列

如图 2-47 所示，数据源包含多个空列，将这些空列删除的操作步骤如下：

图 2-47 包含多个空列的数据源

（1）在 A 列数据下方的空单元格中输入下面的公式，统计 A 列包含数据的个数，如果公式返回 0，则说明 A 列不包含数据。将该公式复制到同行的其他单元格，统计其他列包含数据的个数，如图 2-48 所示。

```
=COUNTA(A1:A21)
```

图 2-48 使用公式统计各列包含数据的个数

（2）选择第（1）步输入公式的所有单元格，按 Ctrl+F 快捷键，打开"查找和替换"对话框的"查找"选项卡，在"查找内容"文本框中输入 0。然后单击"选项"按钮，将"查找范围"设置为"值"，如图 2-49 所示。

（3）单击"查找全部"按钮，在展开的窗格下方显示了选区中所有包含 0 的单元格的相关信息，按 Ctrl+A 快捷键选中所有找到的单元格，如图 2-50 所示。

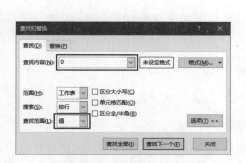

图 2-49　设置查找选项　　　　　图 2-50　通过查找功能选中所有空列中的一个单元格

（4）单击"关闭"按钮关闭"查找和替换"对话框。在工作表中右击第（3）步选中的任意一个单元格，在弹出的菜单中选择"删除"命令，然后在打开的"删除"对话框中选中"整列"单选按钮，如图 2-51 所示。

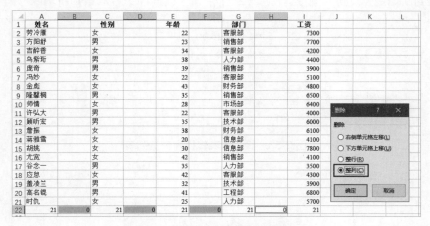

图 2-51　选中"整列"单选按钮

（5）单击"确定"按钮，删除数据区域中的所有空列，最后删除包含公式的行即可。

2.4.4　删除单元格中的空格

如果数据源中的某些单元格中包含空格，那么在创建数据透视表之后，数据的统计结果可能会出错。错误通常来源于包含数值的字段，因为空格一旦出现在包含数值的单元格中，那么原来的数值就会被附加的空格转换为文本格式。

前面曾经介绍过,Excel 默认对数值型数据执行求和计算,对文本型数据统计个数。因此,原本应该对数值进行求和计算,但是由于在数值中附加了空格,变成将数值当作文本来统计个数,导致统计结果出错。这类问题通常来源于由其他程序创建的数据。

解决方法:使用 Excel 中的 TRIM 函数删除单元格中的多余空格。如果单元格中还包含制表符、强制换行符等不可见的字符,可以使用 CLEAN 函数来删除它们。

2.4.5 将二维表转换为数据列表

二维表在统计和分析数据时非常有用,因为它可以同时在水平和垂直两个方向上呈现数据。但是对于创建数据透视表的数据源而言,二维表没有任何价值。然而,创建数据透视表之后得到的报表则是二维表。

如图 2-52 所示是一个二维表,它在行、列两个方向上展示了电视、空调、冰箱在三季度每个月的销售情况。

	A	B	C	D
1	商品名称	7月	8月	9月
2	电视	135	122	155
3	空调	185	135	112
4	冰箱	160	165	131

图 2-52 二维表

解决方法:用于创建数据透视表的数据源必须是数据列表,它是一维表,因此需要将二维表转换为一维表。数据列表是由多行多列数据构成的信息集合,每一行是一条记录,每一列表示某一类信息。数据列表的顶部有一行标题,用于描述每列数据的含义。

如图 2-53 所示是将前面的二维表转换为一维表之后的结果,除了原来的"商品名称"列不变之外,需要在工作表中添加两列,一列为"月份",一列为"销量"。然后将原来表格中的各个月份放置到新增的"月份"列中,将原来各个月份下的商品销量放置到新增的"销量"列中。

	A	B	C
1	商品名称	月份	销量
2	电视	7	135
3	空调	7	185
4	冰箱	7	160
5	电视	8	122
6	空调	8	135
7	冰箱	8	165
8	电视	9	155
9	空调	9	112
10	冰箱	9	131

图 2-53 将二维表转换为数据列表

第3章
创建数据透视表

针对不同类型的数据源，Excel 为创建数据透视表提供了不同的方法。由于数据透视表无法自动捕获数据源范围的改变，通过为数据源定义名称可以解决这个问题。布局字段是在创建数据透视表的整个过程中最为重要的一个环节，不同的字段布局能够展示不同意义的汇总结果和数据含义。本章将介绍创建数据透视表及布局字段的方法，还将介绍数据透视表的基本操作。

3.1 创建常规的数据透视表

本节将介绍使用不同范围和类型的数据源创建数据透视表的方法，包括位于独立区域的数据源、位于多个区域的数据源，以及来源于外部程序的数据源。

3.1.1 使用位于独立区域的数据源创建数据透视表

在 Excel 中，数据源分布方式的最简单情况是位于一个独立的单元格区域中，使用这种布局方式的数据源创建数据透视表的操作步骤如下：

（1）单击数据源区域中的任意一个单元格，然后在功能区的"插入"选项卡中单击"数据透视表"按钮，如图 3-1 所示。

（2）打开"创建数据透视表"对话框，在"表 / 区域"文本框中默认自动填入本例的数据区域 A1:E61，如图 3-2 所示。

图 3-1　单击"数据透视表"按钮

图 3-2　"创建数据透视表"对话框

（3）不做任何修改，直接单击"确定"按钮，Excel 将在一个新建的工作表中创建一个空白的数据透视表，并自动打开"数据透视表字段"窗格，如图 3-3 所示。

图 3-3　创建的空白数据透视表

（4）从"数据透视表字段"窗格中，将"部门"字段拖动到"行"区域，将"性别"字段拖动到"列"区域，将"工资"字段拖动到"值"区域，完成后的数据透视表对各部门男、女员工的工资进行了汇总，如图 3-4 所示。

图 3-4　使用布局字段构建报表

3.1.2　使用位于多个区域的数据源创建数据透视表

Excel 允许用户同时使用多个区域中的数据来创建数据透视表，前提是这些区域具有完全相同的结构。使用这种布局方式的数据源创建的数据透视表，每个数据源区域将作为报表筛选字段中的一项，用户可以通过在报表筛选字段中选择特定的项，来查看各个数据源区域的汇总结果。

如图 3-5 所示，工作簿中包含 3 个工作表，分别对应于 3 个分公司的产品销售情况，3 个工作表的数据结构完全相同。

图 3-5　要汇总的 3 个工作表中的数据

为了对 3 个分公司的产品销量进行汇总分析，现在要使用这 3 个工作表中的数据创建数据透视表，操作步骤如下：

（1）依次按 Alt、D、P 键，打开"数据透视表和数据透视图向导"对话框，选中"多重合并计算数据区域"和"数据透视表"单选按钮，然后单击"下一步"按钮，如图 3-6 所示。

（2）进入如图 3-7 所示的对话框，选中"创建单页字段"单选按钮，然后单击"下一步"按钮。

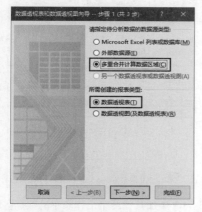

图 3-6　"数据透视表和数据透视图向导"对话框

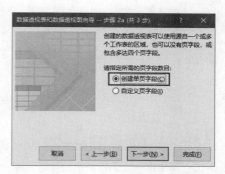

图 3-7　选中"创建单页字段"单选按钮

注意：依次按 Alt、D、P 这 3 个键时，按下一个键之前，要先释放上一个键。

（3）进入如图 3-8 所示的对话框，在该界面中需要将 3 个工作表中的数据区域添加到"所有区域"列表框中。

图 3-8　用于合并多个数据区域的界面

（4）单击"选定区域"右侧的"折叠"按钮⬆，将对话框折叠，此时折叠按钮变为"展开"按钮⬇。单击"北京分公司"工作表标签，然后选择其中的数据区域（如 A1:C7），如图 3-9 所示。

图 3-9　选择第一个工作表中的数据区域

（5）单击"展开"按钮⬇，展开对话框，然后单击"添加"按钮，将所选区域添加到"所有区域"列表框中，如图 3-10 所示。

（6）重复第（4）～（5）步，将其他两个工作表中的数据区域添加到"所有区域"列表框中，结果如图 3-11 所示。

图 3-10　添加第一个工作表中的数据区域

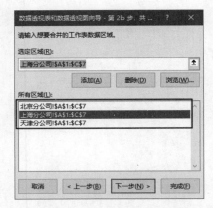

图 3-11　添加其他两个工作表中的数据区域

（7）单击"下一步"按钮，进入如图 3-12 所示的对话框，选择要在哪个位置创建数据透视表，此处选中"新工作表"单选按钮，然后单击"完成"按钮，创建如图 3-13 所示的数据透视表。

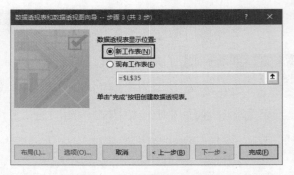

图 3-12　选择创建数据透视表的位置

图 3-13　使用多个区域创建的默认数据透视表

（8）右击数据透视表中的"计数项：值"字段，在弹出的菜单中选择"值汇总依据"|"求和"命令，将值的汇总方式改为"求和"，如图 3-14 所示。

图 3-14　将值的汇总方式改为"求和"

（9）单击数据透视表中的"列标签"字段右侧的下拉按钮，在打开的列表中取消选中"产地"复选框，然后单击"确定"按钮，如图 3-15 所示。最终完成的数据透视表如图 3-16 所示。

图 3-15　取消选中"产地"复选框

图 3-16　最终完成的数据透视表

提示：为了让数据透视表中的数据含义更易于理解，可以修改各字段的名称，具体方法将在 3.3.6 节进行介绍。

3.1.3　使用外部数据源创建数据透视表

第 2 章介绍了将其他程序创建的数据导入到 Excel 中的方法。实际上，用户可以直接使用其他程序创建的数据来创建数据透视表，而无须先将这些数据导入 Excel 之后再创建数据透视表。

如图 3-17 所示是要创建数据透视表的文本文件中的数据，现在要在不将其导入 Excel 的情况下直接为其创建数据透视表。操作过程中的第（1）、（2）步与 2.3.1 节的第（1）、（2）步相同，为了避免内容重复，因此下面只给出后面不同的步骤。

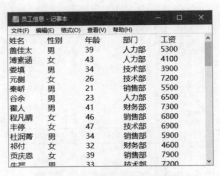

图 3-17　文本文件中的数据

在选择本例中的文本文件之后，将打开如图 3-18 所示的对话框，由于本例中的文本文件中各列数据也是使用制表符分隔，因此对话框中的设置与 2.3.1 节第（3）步相同。

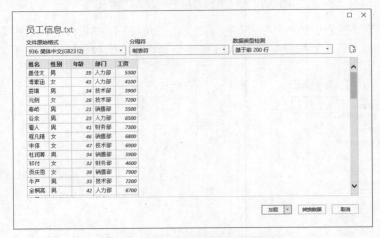

图 3-18　为文本文件设置适合的选项

接下来的操作将有所不同，需要单击"加载"按钮右侧的黑色三角，在弹出的菜单中选择"加载到"命令，如图 3-19 所示。

打开"导入数据"对话框，选中"数据透视表"单选按钮，如图 3-20 所示，然后单击"确定"按钮。将使用所选择的文本文件中的数据创建数据透视表，之后将字段拖动到所需的区域中来构建报表，如图 3-21 所示。

图 3-19　选择"加载到"命令

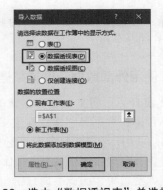

图 3-20　选中"数据透视表"单选按钮

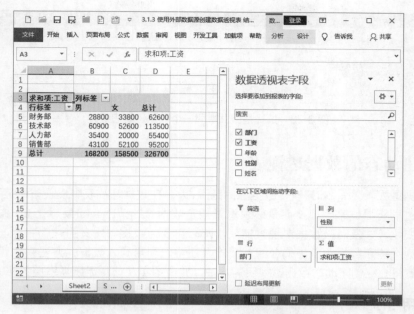

图 3-21　使用文本文件中的数据创建的数据透视表

3.1.4　理解数据透视表缓存

数据透视表缓存是一个数据缓冲区，用于在数据透视表与数据源之间传递数据。在 Excel 2003 中使用相同的数据源创建的每一个数据透视表，都有一个与其匹配的数据透视表缓存。但是在 Excel 2007 或更高版本的 Excel 中，使用相同的数据源创建的所有数据透视表共享同一个数据透视表缓存。

共享数据透视表缓存的优点是可以减少内存的占用，并可避免工作簿的体积随数据透视表数量的增多而显著变大，但是共享数据透视表缓存也有以下两个问题：

- 刷新任意一个数据透视表，共享同一个数据透视表缓存的其他数据透视表也将随之自动刷新。
- 在任意一个数据透视表中添加计算字段和计算项，或对指定字段进行组合之后，操作结果将自动作用于共享同一个数据透视表缓存的其他数据透视表。

如果希望在 Excel 2007 或更高版本的 Excel 中，在使用相同的数据源创建数据透视表时不共享同一个数据透视表缓存，那么可以使用 3.1.2 节用到过的"数据透视表和数据透视图向导"对话框，操作步骤如下：

（1）单击数据源中的任意一个单元格，依次按 Alt、D、P 键，打开"数据透视表和数据透视图向导"对话框，不做任何设置，直接单击"下一步"按钮。

注意：在数据源所在的工作簿中必须已经创建了至少一个数据透视表。

（2）进入下一个界面，Excel 会自动填入数据源所在单元格区域的地址，直接单击"下一步"按钮。

（3）如果在第（2）步中填入的数据源范围与工作簿中现有的数据透视表所使用的数据源的范围相同，将会显示如图 3-22 所示的对话框，单击"否"按钮，将创建一个新的数据透视表缓存，而不是使用现有的数据透视表缓存。

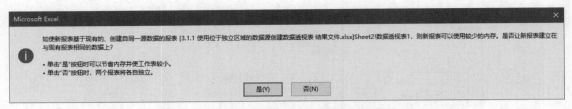

图 3-22　选择是否共享同一个数据透视表缓存

3.2　创建动态的数据透视表

　　创建数据透视表之后,如果改变数据源的范围,为了在数据透视表中反映新增范围内的数据,用户无法通过刷新操作来完成,而是必须重新指定数据源的范围。如果想让 Excel 自动监测数据源范围的变化,并及时被数据透视表捕获,那么需要为数据源定义为一个名称,在名称中创建一个可以动态捕获数据源范围的公式。此外,还可以利用导入数据的方法来创建动态的数据透视表。本节将介绍创建动态数据透视表的方法,并介绍实现该功能所需掌握的相关技术。

3.2.1　使用名称

　　在 Excel 中可以为常量、单元格区域、公式等内容创建名称,然后使用名称代替这些内容,这样不但可以减少输入量,还能让公式更易理解,并减少错误的发生。在 Excel 定义名称时需要注意以下几点:

- 一个名称最多可以包含 255 个字符,英文字母不区分大小写。
- 名称的第一个字符必须是汉字、英文字母、下画线或反斜杠 "\",名称的其他部分可以是汉字、英文字母、数字、句点和下画线。
- 名称中不能包含空格。如果必须对名称中的字符进行分隔处理,可以使用下画线和句点作为分隔符。
- 名称不能与工作表中的单元格引用相同,不能将字母 R、r、C、c 定义为名称,因为 R、C 在 R1C1 引用方式中表示工作表的行和列。

　　在 Excel 中创建名称的方法有很多种,由于创建动态的数据透视表需要为公式创建名称,因此这里只介绍为公式创建名称的方法。在功能区的 "公式" 选项卡中单击 "定义名称" 按钮,如图 3-23 所示。

图 3-23　单击 "定义名称" 按钮

打开 "新建名称" 对话框,在该对话框中创建名称并进行相关设置:

- 在 "名称" 文本框中输入名称,比如 "销量"。
- 在 "范围" 下拉列表中选择名称的级别,选择 "工作簿" 将创建工作簿级名称,选择特定的工作表名将创建工作表级名称。
- 在 "引用位置" 文本框中输入要创建名称的公式。
- 在 "备注" 文本框中输入对名称的简要说明。

完成以上设置后，单击"确定"按钮，将为用户在"引用位置"文本框中输入的公式创建名称。

如图 3-24 所示，在"新建名称"对话框中创建了一个名为"动态数据源"的名称，在"引用位置"文本框中输入下面的公式，然后单击"确定"按钮创建该名称。

```
=OFFSET($A$1,,,COUNTA($A:$A))
```

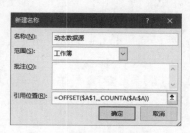

图 3-24　为公式创建名称

提示：在"引用位置"文本框中输入公式与在单元格中输入公式的方法类似，也包括"输入""编辑"和"点"3 个模式。按 F2 键可在"输入"和"编辑"模式之间切换。

3.2.2　COUNTA 和 OFFSET 函数

如果要创建动态的数据透视表，首先需要将数据源定义为一个动态名称。这里所说的"动态"是指改变数据源的范围时，Excel 可以自动捕获数据源的最新范围。创建这样的动态名称时，需要使用 COUNTA 和 OFFSET 两个函数。下面介绍这两个函数的功能和语法。

1．COUNTA 函数

COUNTA 函数用于计算参数中包含非空值的个数。

```
COUNTA(value1,value2,…)
```

value1,value2 表示要计算非空值个数的 1 ～ 255 个参数，可以是直接输入的数字、单元格引用或数组。

提示：如果使用单元格引用或数组作为 COUNTA 函数的参数，COUNTA 将统计除空白单元格以外的其他所有值，包括错误值和空文本（""）。

2．OFFSET 函数

OFFSET 函数用于以指定的引用为参照，通过给定偏移量得到新的引用。返回的引用可以是一个单元格、一个单元格区域，而且可以指定返回区域的大小。

```
OFFSET(reference,rows,cols,height,width)
```

第 1 参数为原始区域地址；第 2 参数为相对于偏移量参照系的左上角单元格向上（下）偏移的行数；第 3 参数为相对于偏移量参照系的左上角单元格向左（右）偏移的列数；第 4 参数为要返回的区域的行数；第 5 参数为要返回的区域的列数。

提示：如果省略 row 和 cols 两个参数，那么将其当作 0 处理，即新基点与原始基点位于同一个位置，OFFSET 函数不进行任何偏移。当省略 row 和 cols 参数时，需要保留它们的逗号分隔符，比如 OFFSET(B2,,,3,4)。如果省略 height 或 width 参数，那么假设其高度或宽度与 reference 参数表示的区域相同，即新的区域与原区域大小相同。

COUNTA 函数比较简单，但是 OFFSET 函数相对比较复杂，因此这里详细介绍一下 OFFSET 函数的用法。OFFSET 函数的工作原理可以分解为以下两步：

（1）对原始基点（reference 参数）进行偏移操作，偏移的方向和距离由 OFFSET 函数中的第 2 参数（rows 参数）和第 3 参数（cols 参数）指定。如果这两个参数是正数，则向下和向右偏移；如果是负数则向上和向左偏移。在第（1）步中，原始基点移动到了由 rows 和 cols 参数值确定的新位置。

（2）在确定了基点的新位置后，通过 height 和 width 参数的值来返回指定行数和列数的区域。

例如，公式 OFFSET(B2,3,2,4,2) 从单元格 B2 开始，将单元格 B2 向下偏移 3 行，向右偏移 2 列，原始基点移动到了单元格 D5。然后以单元格 D5 为新基点，向下扩展 4 行，向右扩展 2 列，组成一个 4 行 2 列的区域。

3.2.3　创建动态的数据源和数据透视表

了解了 COUNTA 和 OFFSET 函数的用法后，即可使用这两个函数定义动态名称。如图 3-25 所示，为数据源创建动态名称的操作步骤如下：

（1）在功能区的"公式"选项卡中单击"定义名称"按钮，打开"新建名称"对话框，在"名称"文本框中输入一个名称（如输入 Data），在"引用位置"文本框中输入下面的公式，如图 3-26 所示。

```
=OFFSET(Sheet1!$A$1,,,COUNTA($A:$A),COUNTA($1:$1))
```

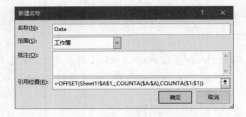

图 3-25　要创建动态名称的数据源　　　　　　图 3-26　定义名称

公式解析：COUNTA($A:$A) 统计 A 列中非空单元格的个数，即判断在添加或减少数据行后，区域内当前包含数据的总行数。公式 COUNTA($1:$1) 统计第一行中非空单元格的个数，即判断当添加或减少数据列后，区域内当前包含数据的总列数。

（2）单击"确定"按钮，创建名为 Data 的动态名称。

定义好动态名称后，可以对动态名称的功能进行测试。数据源中除去标题行之外，实际数据共有 15 行。假设在数据区域的底部添加一行新数据，然后在名称框中输入定义的名称 Data 并按 Enter 键。如果 Excel 能自动选中包括新添加的行在内的数据区域，就说明定义的动态名称正常工作。打开"编辑名称"对话框，单击"引用位置"文本框内部，数据区域四周会出现虚线，新增的数据也会位于虚线之内，如图 3-27 所示。

图 3-27　测试动态名称是否正常工作

接下来可以使用上面定义的名称作为数据源来创建数据透视表。在功能区的"插入"选项卡中单击"数据透视表"按钮，打开"创建数据透视表"对话框，在"表 / 区域"文本框中输入前面定义的名称 Data，如图 3-28 所示。单击"确定"按钮，将创建动态的数据透视表。

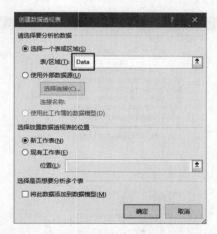

图 3-28　将数据源指定为已创建的动态名称

3.2.4　刷新动态数据透视表

使用动态名称作为数据源创建数据透视表后，如果要改变数据源的范围，用户不再需要在功能区的"数据透视表工具 | 分析"选项卡中单击"更改数据源"按钮，来重新指定数据源的范围，因为数据透视表可以自动捕获数据源范围的最新变化，并将新增数据反映到数据透视表中。用户只需在功能区的"数据透视表工具 | 分析"选项卡中单击"刷新"按钮，来反映数据的最新修改，而不再需要担心数据源范围的变化。

关于刷新数据透视表的更多内容请参考第 4 章。

3.2.5　通过导入数据创建动态的数据透视表

除了通过定义动态名称的方法来创建动态的数据透视表之外，还可以通过导入数据的方法创建动态数据透视表，操作步骤如下：

（1）打开要创建数据透视表的工作簿，然后在功能区的"数据"选项卡中单击"现有连接"按钮，如图 3-29 所示。

（2）打开"现有连接"对话框，单击"浏览更多"按钮，如图 3-30 所示。

图 3-29 单击"现有连接"按钮　　　　图 3-30 单击"浏览更多"按钮

（3）打开"选取数据源"对话框，双击数据源所在的 Excel 工作簿，如图 3-31 所示。

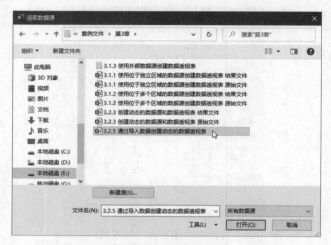

图 3-31 选择数据源所在的 Excel 工作簿

（4）打开"选择表格"对话框，选择数据源所在的工作表，然后单击"确定"按钮，如图 3-32 所示。

（5）打开"导入数据"对话框，选中"数据透视表"单选按钮，然后选择数据透视表的创建位置，如图 3-33 所示。

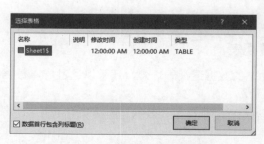

图 3-32 选择数据源所在的工作表

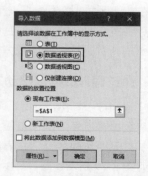

图 3-33 设置创建数据透视表的选项

（6）单击"确定"按钮，创建一个动态的数据透视表。以后如果数据源的范围发生改变，用户只需在功能区的"数据透视表工具 | 分析"选项卡中单击"刷新"按钮，即可使数据透视表与数据源保持同步。

3.3　对数据透视表中的字段进行布局

字段布局是指各个字段在数据透视表中不同区域的排列组合方式。通过为数据透视表设置不同的字段布局，可以构建出具有不同观察角度和含义的报表，这就是所谓的"透视"。Excel提供了灵活的字段布局方式和相关选项，使字段布局变得简单和智能。

3.3.1　数据透视表字段窗格

"数据透视表字段"窗格是字段布局的主要工具，创建一个数据透视表之后，将在 Excel 窗口右侧自动显示"数据透视表字段"窗格。窗格默认显示为上、下两个部分，上半部分包含一个或多个带有复选框的字段，将该部分称为"字段节"；下半部分包含 4 个列表框，将该部分称为"区域节"，如图 3-34 所示。

在字段节的列表框中显示了所有可用的字段，这些字段对应于数据源中的各列。如果字段左侧的复选框显示勾选标记，说明该字段已被添加到数据透视表的某个区域中。区域节中的 4 个列表框对应于数据透视表的 4 个区域。字段节中的某个字段处于选中状态时，该字段会同时出现在区域节中的 4 个列表框之一。

"数据透视表字段"窗格默认以"字段节在上、区域节在下"的方式显示，用户可以根据需要改变窗格的显示方式。单击"数据透视表字段"窗格右上角的"工具"按钮 ⚙️▾，在弹出的菜单中选择一种显示方式，如图 3-35 所示。

图 3-34　"数据透视表字段"窗格

图 3-35　改变"数据透视表字段"窗格的显示方式

除了"字段节和区域节层叠"之外，其他 4 种显示方式的说明如下：

- 字段节和区域节并排：在窗格左侧显示字段节，在窗格右侧显示区域节。
- 仅字段节：在窗格中只显示字段节。
- 仅 2×2 区域节：在窗格中只显示区域节，4 个列表框以 2 行 2 列排列。

● 仅1×4区域节：与"仅2×2区域节"类似，但是4个列表框排列在1列上。

提示：默认情况下，当单击数据透视表中的任意一个单元格时，将自动显示"数据透视表字段"窗格。如果未显示该窗格，可以在功能区的"数据透视表工具 | 分析"选项卡中单击"字段列表"按钮，手动打开"数据透视表字段"窗格，如图3-36所示。

图3-36 使用"字段列表"按钮控制"数据透视表字段"窗格的显示状态

3.3.2 一键清除数据透视表中的所有字段

无论在数据透视表中添加了多少个字段，都可以快速将这些字段从数据透视表中删除。只需单击数据透视表中的任意一个单元格，在功能区的"数据透视表工具 | 分析"选项卡中单击"清除"按钮，然后在弹出的菜单中选择"全部清除"命令即可，如图3-37所示。

图3-37 使用"全部清除"命令删除所有字段

3.3.3 布局字段的3种方法

布局字段需要在"数据透视表字段"窗格中操作，有以下3种方法：复选框法、鼠标拖动法和菜单命令法。

1. 复选框法

复选框法是通过在字段节中选中字段左侧的复选框，由Excel自动决定将字段放置到哪个区域。一个普遍的规则是：如果字段中的项是文本型数据，那么该字段将被自动放置到行区域；如果字段中的项是数值型数据，那么该字段将被自动放置到值区域。

复选框法虽然使用方便，但却存在缺乏灵活性的缺点，因为有时Excel自动将字段放置到的位置并非是用户的本意。

2. 拖动法

拖动法是使用鼠标将字段从字段节拖动到区域节的4个列表框中，拖动过程中会显示一条粗线，当列表框中包含多个字段时，这条线指示当前移动到的位置，如图3-38所示。使用这种方法，用户可以根据需求灵活安排字段在数据透视表中的位置。

当在一个区域中放置多个字段时，这些字段的排列顺序将影响数据透视表的显示结果。如图3-39所示，在"数据透视表字段"窗格的"行"列表框中包含"部门"和"性别"两个字段，

"部门"字段在上,"性别"字段在下。在数据透视表中同时反映出字段的布局,"部门"字段位于最左侧,"性别"字段位于"部门"字段的右侧,两个字段形成了一种内外层嵌套的结构关系,此时展示的是每个部门中的男、女员工的工资汇总结果。

图 3-38　将字段拖动到列表框中

图 3-39　对字段进行布局

　　提示:图 3-39 中的数据透视表使用的是"表格"布局,对于数据的显示而言该布局最直观,本书中的大多数示例都使用的是这种布局。改变数据透视表整体布局的方法将在第 4 章进行介绍。

　　将"行"列表框中的两个字段的位置对调,变成"性别"字段在上,"部门"字段在下的排列方式,此时的数据透视表如图 3-40 所示,展示的是男、女员工所在的各个部门的工资汇总结果,与前面所展示的逻辑是不同的。

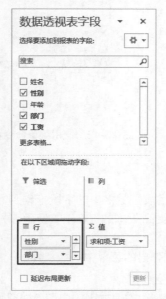

图 3-40　改变字段的布局将影响数据透视表的显示

通过对比"行"列表框中的字段排列顺序与数据透视表行区域中的字段排列顺序之间的对应关系，可以发现，位于"行"列表框中最上方的字段，其在数据透视表的行区域中将位于最左侧；位于"行"列表框中最下方的字段，其在数据透视表的行区域中将位于最右侧。也就是说，"数据透视表字段"窗格字段节中的"行"列表框中从上到下排列的每个字段，与数据透视表的行区域中从左到右排列的每个字段一一对应。

"列"列表框中的字段排列顺序对数据透视表布局的影响与此类似。

3. 菜单命令法

除了前面介绍的两种方法之外，还可以使用菜单命令来布局字段。该方法的效果与使用鼠标拖动的方法相同。在字段节中右击任意一个字段，在弹出的菜单中选择要将该字段移动到哪个区域，如图 3-41 所示。

对于已经添加到区域节中的字段而言，可以单击其中的字段，然后在弹出的菜单中选择要将该字段移动到哪个区域，如图 3-42 所示。可以使用"上移"或"下移"命令调整字段在当前区域中的位置。

图 3-41　使用快捷菜单命令布局字段

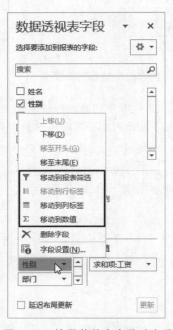

图 3-42　使用菜单命令移动字段

3.3.4　启用 Excel 经典数据透视表布局

在 Excel 2003 中，可以直接将"数据透视表字段"窗格中的字段拖动到数据透视表的各个区域中来完成字段布局。如果要在 Excel 2007 或更高版本的 Excel 中使用该方法，那么需要对数据透视表进行设置，操作步骤如下：

（1）右击数据透视表中的任意一个单元格，在弹出的菜单中选择"数据透视表选项"命令，如图 3-43 所示。

（2）打开"数据透视表选项"对话框，在"显示"选项卡中选中"经典数据透视表布局（启用网格中的字段拖放）"复选框，然后单击"确定"按钮，如图 3-44 所示。

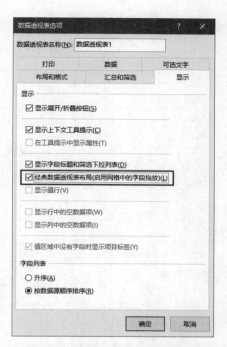

图 3-43　选择"数据透视表选项"命令　　　图 3-44　启用经典数据透视表布局

如果当前在数据透视表中没有任何字段，那么将显示如图 3-45 所示的外观，在各个区域中会显示文字标识，用户只需将所需的字段拖动到数据透视表的各个区域，即可对字段进行布局。

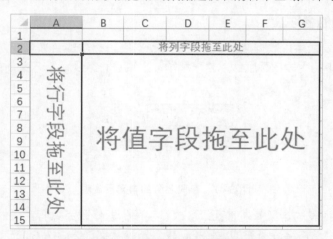

图 3-45　将字段拖动到数据透视表的各个区域进行布局

3.3.5　布局字段时不同步显示数据透视表的变化

默认情况下，只要在"数据透视表字段"窗格的 4 个列表框中添加或删除字段，数据透视表的外观也会随之做相应的调整。如果数据透视表的数据量很多，其中包含大量的字段和计算项，那么数据透视表的这种实时更新会严重降低 Excel 的性能。

为了解决这个问题，可以在"数据透视表字段"窗格底部选中"延迟布局更新"复选框，暂时禁止数据透视表布局的自动更新，如图 3-46 所示。

图 3-46　选中"延迟布局更新"复选框

之后无论在 4 个列表框中如何添加和删除字段，数据透视表的外观都不会发生任何改变。完成字段布局的所有调整之后，单击"延迟布局更新"复选框右侧的"更新"按钮，即可将字段布局的最终结果告诉 Excel，Excel 会立刻对数据透视表的布局做出相应的调整。

注意：在"延迟布局更新"复选框处于选中的状态下，数据透视表的很多功能将暂时无法使用，只有取消选中该复选框才能使这些功能恢复正常。

3.3.6　修改字段的名称

创建数据透视表之后，数据透视表上显示的一些字段标题的含义可能并不直观。例如，数据透视表的值区域中的字段名称默认以"求和项："或"计数项："开头，如图 3-47 所示。

图 3-47　字段名称的含义不直观

为了让数据透视表的含义清晰直观，可以将字段标题修改为更有意义的名称。最简单的方法是在数据透视表中单击字段所在的单元格，输入新的名称，然后按 Enter 键。

另一种方法是在对话框中修改字段的名称，不同类型的字段的设置方法略有不同，下面将分别进行介绍。

1．修改值字段的名称

在数据透视表中右击值字段或值字段中的任意一项数据，在弹出的菜单中选择"值字段设置"命令，如图 3-48 所示。

打开"值字段设置"对话框，在"值汇总方式"选项卡的"自定义名称"文本框中输入值字段的新名称，然后单击"确定"按钮，如图 3-49 所示。

图 3-48　选择"值字段设置"命令

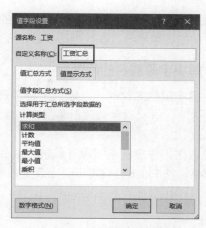

图 3-49　修改值字段的名称

注意：修改值字段的名称之后，该字段在"数据透视表字段"窗格中仍然以修改前的名称显示。如果将值字段从数据透视表中删除，以后再次添加该字段时，其名称将恢复为修改前的状态。

2．修改行字段、列字段和报表筛选字段的名称

修改行字段、列字段和报表筛选字段名称的方法基本类似，这里以修改行字段的名称为例。在数据透视表中右击行字段或行字段中的任意一项，在弹出的菜单中选择"字段设置"命令，如图 3-50 所示。

打开"字段设置"对话框，在"分类汇总和筛选"选项卡的"自定义名称"文本框中输入行字段的新名称，然后单击"确定"按钮，如图 3-51 所示。

图 3-50　选择"字段设置"命令

图 3-51　修改行字段的名称

注意：只有数据透视表的布局是"大纲"和"表格"时，"右击行字段"的方式才有效。如果数据透视表是"压缩"布局，那么只有右击行字段中的任意一项才行。关于数据透视表布局的更多内容请参考第 4 章。

修改行字段、列字段和报表筛选字段的名称之后，这些字段在"数据透视表字段"窗格中将以修改后的名称显示。在数据透视表中添加或删除这些字段，都始终以修改后的名称显示。

3.3.7 解决字段重名的问题

修改值字段的名称时，可能只想将字段开头的"求和项："或"计数项："删除，而保留冒号后的内容。进行这种修改时将显示如图 3-52 所示的提示信息，出现字段重名的错误并取消当前的修改。

解决方法：在删除值字段开头的"求和项："或"计数项："之后，在字段名称的结尾输入一个空格，按 Enter 键后将不会出现重名的提示信息，如图 3-53 所示。

图 3-52　字段重名的提示信息　　　　图 3-53　利用空格规避字段重名的错误

3.4　数据透视表的基本操作

为了可以更好地学习本书后面的内容，有必要掌握数据透视表的一些基本操作，包括选择数据透视表各部分元素的方法，对数据透视表进行命名、复制、移动和删除的方法。

3.4.1 选择数据透视表中的字段

单击字段所在的单元格即可选择数据透视表中的字段。可以同时选择多个字段，如果这些字段的位置不相邻，那么需要先选择一个字段，然后按住 Ctrl 键，再依次单击其他要选择的字段。如图 3-54 所示同时选中了"部门"行字段和"性别"列字段。

图 3-54　同时选择不相邻的两个字段

3.4.2 选择行字段或列字段中的所有项

选择字段中某一项的方法与选择字段类似，只需单击该项即可将其选中。如果要选择一个字段中的所有项，需要将鼠标指针移动到这些项所属的字段的上方，当鼠标指针变为下箭头时单击，即可选中该字段中的所有项。如图 3-55 所示选中了"部门"行字段中的所有项，即"财务部""技术部""人力部"和"销售部"。

选择列字段中的所有项的方法与此类似。如图 3-56 所示选中了"性别"列字段中的所有项，即"男"和"女"。

图 3-55 选择行字段中的所有项

图 3-56 选择列字段中的所有项

3.4.3 选择字段中的项及其值

如果将字段添加到值区域，该字段中的项将成为其他字段项的值。例如，将"部门"字段添加到行区域，将"工资"字段添加到值区域，"工资"字段中的项将作为各部门的值来显示，即汇总各部门的工资。

可以快速选择字段中的特定项及其值，只需将鼠标指针移动到项的上方，当鼠标指针变为下箭头时单击，即可选中该项及其相关的值。如图 3-57 所示选中了"性别"列字段中名为"女"的项及其相关的值（工资汇总结果）。

选择行字段中的项及其相关的值的方法与此类似，只需将鼠标指针移动到行字段中项的左侧，当鼠标指针变为右箭头时单击，即可选中该项及其相关的值。如图 3-58 所示选中了"部门"行字段中名为"技术部"的项及其相关的值（工资汇总结果）。

图 3-57 选择列字段中的项及其相关的值

图 3-58 选择行字段中的项及其相关的值

注意：选择行字段中的项及其相关的值时，鼠标指针的一部分要位于字段项的单元格内。如果鼠标指针完全位于字段项左侧的行号范围内，单击后将会选中与该行号对应的工作表中的一整行。

3.4.4 选择整个数据透视表

对整个数据透视表执行复制、删除等操作之前，需要先选择整个数据透视表，有以下 3 种方法：

- 将鼠标指针移动到数据透视表中值字段的左侧，当鼠标指针变为右键头时单击，如图 3-59 所示。
- 将鼠标指针移动到数据透视表区域左上角单元格的上方，当鼠标指针变为下键头时单击，如图 3-60 所示。

图 3-59　第 1 种选择方法

图 3-60　第 2 种选择方法

- 单击数据透视表中的任意一个单元格,在功能区的"数据透视表工具 | 分析"选项卡中单击"选择"按钮,然后在弹出的菜单中选择"整个数据透视表"命令,如图 3-61 所示。

图 3-61　第 3 种选择方法

除了直接通过单击或拖动的方式选择数据透视表中的字段、项和值之外,还可以通过图 3-61 功能区菜单中的命令来进行选择。在图 3-61 菜单中包含以下 3 个命令:

- 标签与值:选择字段中的所有项及其相关值。
- 值:选择字段中特定项的相关值。
- 标签:选择字段中的项。

使用以上 3 个命令进行选择的方法是,首先取消图 3-61 菜单中的"启用选定内容"命令的选中状态,然后在数据透视表中单击某个字段或项,再选择"启用选定内容"命令,之后可以使用这 3 个命令来选择数据透视表中的特定部分。

例如,在前面的数据透视表中单击 A4 单元格,即"部门"字段所在的单元格。然后取消"启用选定内容"命令的选中状态,再重新选择该命令,此时将自动选中"部门"字段中的所有项。接下来可以使用"标签与值""值"和"标签"3 个命令选择与这些项相关的内容,如图 3-62 所示为选择"标签与值"命令后自动选中了"部门"字段中的所有项及其相关值。

图 3-62　自动选中数据透视表中的特定部分

3.4.5　为数据透视表命名

创建数据透视表之后,Excel 会自动为数据透视表设置一个名称,比如"数据透视表 1"。在对数据透视表进行某些操作时会用到这个名称,比如将创建的切片器在多个数据透视表之间共享，或使用 VBA 编程处理数据透视表。

易于识别的名称将给操作带来方便，要修改数据透视表的名称，需要单击数据透视表中的任意一个单元格，然后在功能区的"数据透视表工具 | 分析"选项卡的"数据透视表名称"文本框中输入名称，如图 3-63 所示。

修改数据透视表名称的另一种方法是，右击数据透视表中的任意一个单元格，在弹出的菜单中选择"数据透视表选项"命令，打开"数据透视表选项"对话框，在"数据透视表名称"文本框中输入名称，如图 3-64 所示。

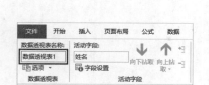

图 3-63　在功能区中修改名称　　　　　　图 3-64　在对话框中修改名称

3.4.6　复制数据透视表

如果要为数据透视表创建一个数据副本，那么可以复制整个数据透视表。使用 3.4.4 节介绍的方法选择整个数据透视表，按 Ctrl+C 快捷键，然后单击要放置数据透视表的左上角单元格，再按 Ctrl+V 快捷键，即可将数据透视表复制到目标位置。

提示：复制后的数据透视表与原来的数据透视表共享同一个数据透视表缓存。

3.4.7　移动数据透视表

用户可以将数据透视表移动到以下几个位置：
- 数据透视表所在的工作表的指定位置。
- 现有的其他工作表，这个工作表可以与数据透视表位于同一个工作簿，也可以位于当前打开的其他工作簿中。
- 在数据透视表所在的工作簿中新建的工作表。

单击数据透视表中的任意一个单元格，然后在功能区的"数据透视表 | 分析"选项卡中单击"移动数据透视表"按钮，如图 3-65 所示，打开如图 3-66 所示的对话框，有以下两种选择：
- 新工作表：选择该项，Excel 会新建一个工作表，并将数据透视表移动到该工作表中。这个新建的工作表与当前移动的数据透视表位于同一个工作簿。

- 现有工作表：选择该项，然后单击右侧的"折叠"按钮 ⬆，选择当前工作簿或已打开的其他任意一个工作簿的单元格，来决定移动后的数据透视表左上角的位置。

图 3-65 单击"移动数据透视表"按钮

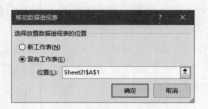

图 3-66 选择移动到的目标位置

选择好之后单击"确定"按钮，将数据透视表移动到所选位置。

3.4.8 删除数据透视表

用户可以随时删除不再需要的数据透视表。如果将数据透视表创建到了一个单独的工作表中，可以直接右击该工作表的标签，在弹出的菜单中选择"删除"命令，如图 3-67 所示，即可将该工作表及其中的数据透视表一起删除。

图 3-67 选择"删除"命令

如果只想删除工作表中的数据透视表，而保留工作表，那么可以使用 3.4.4 节介绍的方法选择整个数据透视表，然后按 Delete 键。

第 4 章
设置数据透视表的结构和数据显示方式

为了增加数据透视表的可读性，让数据透视表中的数据易于查看和理解，通常在创建数据透视表之后，除了对字段进行布局之外，还需要调整数据透视表的结构和数据显示方式，包括数据透视表的布局方式、数据透视表的外观样式、字段项和总计的显示方式、值区域数据的格式、空值和错误值的显示方式、分组显示数组等。本章除了介绍以上内容之外，还将介绍查看数据透视表中的明细数据，以及刷新数据以保持与数据源同步的方法。

4.1　改变数据透视表的整体布局和格式

数据透视表的布局决定了字段和字段项在数据透视表中的显示和排列方式。Excel 为数据透视表提供了"压缩""大纲"和"表格" 3 种布局，创建数据透视表时默认使用"压缩"布局。要改变数据透视表的布局，用户可以在功能区的"数据透视表工具 | 设计"选项卡中单击"报表布局"按钮，然后在弹出的菜单中选择一种布局，如图 4-1 所示。

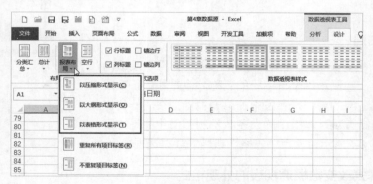

图 4-1　选择数据透视表的布局

4.1.1　压缩布局

"压缩"布局是创建数据透视表时默认使用的布局，该布局将所有行字段堆叠显示在一列中，并根据字段的级别呈缩进排列。

如图 4-2 所示为使用“压缩”布局的数据透视表，将行区域中越靠左侧的字段称为“外部行字段”，将越靠右侧的字段称为“内部行字段”，外部行字段与内部行字段形成内外嵌套关系。在本例中，“商品名称”和“销售地区”两个行字段堆叠在一列中，“商品名称”是外部行字段，“销售地区”是内部行字段，每种商品下包含一个或多个销售地区。这个数据透视表展示了每种商品在各个地区的销量。

使用“压缩”布局可以节省数据透视表的横向空间，如果要在数据透视表中放置很多行字段，那么非常适合使用“压缩”布局。但是由于所有行字段堆叠在一列，所以使用“压缩”布局的数据透视表无法显示每个行字段的标题，导致数据含义不够清晰直观。

	A	B
1	销售日期	(全部)
2		
3	行标签	求和项:销量
4	⊟饼干	1466
5	北京	260
6	河北	44
7	黑龙江	69
8	吉林	162
9	江苏	42
10	辽宁	140
11	山东	139
12	山西	250
13	上海	294
14	天津	66
15	⊟果汁	947
16	北京	67
17	河北	82
18	黑龙江	116
19	吉林	46
20	江苏	182
21	辽宁	190
22	山东	127
23	上海	41
24	天津	96
25	⊟面包	756
26	北京	171
27	黑龙江	175

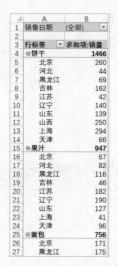

图 4-2　压缩布局

4.1.2　大纲布局

与“压缩”布局类似，“大纲”布局也使用缩进格式排列多个行字段，但是将所有行字段横向排列在多个列中，并显示每个行字段的名称，而非堆叠在一列。外部行字段中的每一项与其下属的内部行字段中的第一项并非排列在同一行。

如图 4-3 所示为使用“大纲”布局的数据透视表，“商品名称”和“销售地区”两个行字段并排显示在 A、B 两列。

	A	B	C
1	销售日期	(全部)	
2			
3	商品名称	销售地区	求和项:销量
4	⊟饼干		1466
5		北京	260
6		河北	44
7		黑龙江	69
8		吉林	162
9		江苏	42
10		辽宁	140
11		山东	139
12		山西	250
13		上海	294
14		天津	66
15	⊟果汁		947
16		北京	67
17		河北	82
18		黑龙江	116
19		吉林	46
20		江苏	182
21		辽宁	190
22		山东	127
23		上海	41
24		天津	96
25	⊟面包		756
26		北京	171
27		黑龙江	175

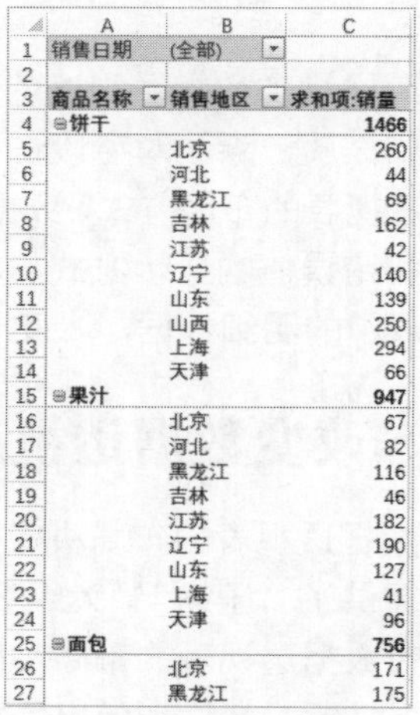

图 4-3　大纲布局

4.1.3　表格布局

与“大纲”布局类似，“表格”布局也将所有行字段横向排列在多个列中，并显示每个行字段的名称，但是外部行字段中的每一项与其下属的内部行字段中的第一项排列在同一行。这种布局方式清晰直观，本书中的大多数示例都使用的是“表格”布局。如图 4-4 所示为使用“表格”布局的数据透视表。

	A	B	C
1	销售日期	(全部)	
2			
3	商品名称	销售地区	求和项:销量
4	⊟饼干	北京	260
5		河北	44
6		黑龙江	69
7		吉林	162
8		江苏	42
9		辽宁	140
10		山东	139
11		山西	250
12		上海	294
13		天津	66
14	饼干 汇总		1466
15	⊟果汁	北京	67
16		河北	82
17		黑龙江	116
18		吉林	46
19		江苏	182
20		辽宁	190
21		山东	127
22		上海	41
23		天津	96
24	果汁 汇总		947
25	⊟面包	北京	171
26		黑龙江	175
27		吉林	76

图 4-4　表格布局

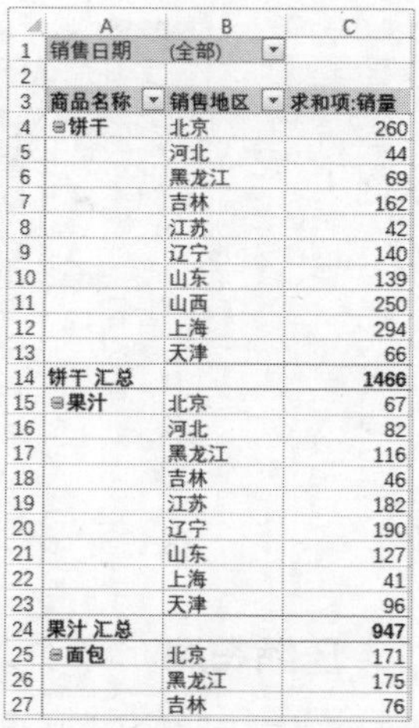

4.1.4　使用样式改变数据透视表的外观格式

Excel 内置了几十种数据透视表样式，使用这些样式可以快速改变整个数据透视表的外观，包括边框和填充效果。除了内置样式之外，用户也可以创建新的样式，而且还可以指定创建数据透视表时的默认样式。

1．使用内置的数据透视表样式

要为数据透视表设置一种内置样式，可以单击数据透视表中的任意一个单元格，然后在功能区的"数据透视表工具 | 设计"选项卡中单击"其他"按钮，如图 4-5 所示。打开样式列表，所有样式分为浅色、中等色和深色 3 类，从中选择一种样式，如图 4-6 所示。

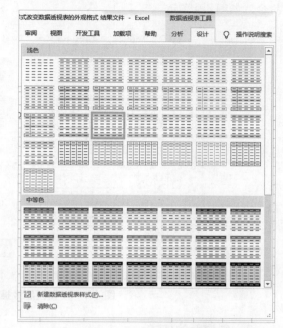

图 4-5　单击"其他"按钮　　　　图 4-6　Excel 内置的数据透视表样式

如图 4-7 所示是为数据透视表选择"中等"类别中的"数据透视表样式中等深浅 13"样式后的结果。

选择一种样式之后，可以使用功能区的"数据透视表工具 | 设计"选项卡中的几个选项对样式的效果进行细节上的调整，如图 4-8 所示，各个选项的作用如下：

- 行标题：为数据透视表的第一列设置特殊格式。
- 列标题：为数据透视表的第一行设置特殊格式。
- 镶边行：为数据透视表中的奇数行和偶数行分别设置不同的格式。
- 镶边列：为数据透视表中的奇数列和偶数列分别设置不同的格式。

图 4-7　使用样式改变数据透视表的外观

图 4-8　用于调整样式细节的选项

2．为数据透视表设置默认样式

每次创建数据透视表时，Excel 都会自动为数据透视表应用同一种内置的样式，该样式是数据透视表的默认样式。如果想要改变每次创建数据透视表时默认外观，那么可以重新指定默认样式。打开数据透视表样式列表，右击其中的一种样式，然后在弹出的菜单中选择"设为默认值"命令，如图 4-9 所示。

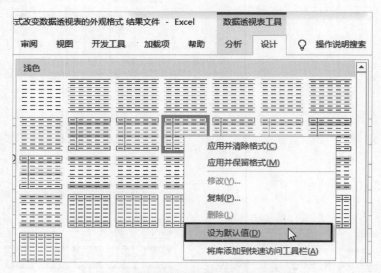

图 4-9　设置创建数据透视表时的默认样式

3．创建新的样式

除了 Excel 内置的样式之外，用户还可以创建新的样式。打开数据透视表样式列表，选择列表底部的"新建数据透视表样式"命令，打开如图 4-10 所示的对话框。在"名称"文本框中输入样式的名称，在"表元素"列表框中选择一个要设置的元素。

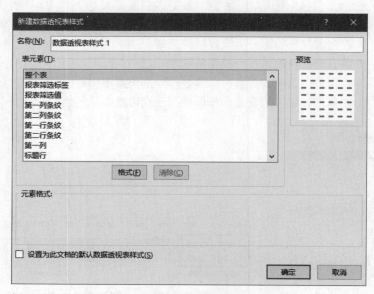

图 4-10　"新建数据透视表样式"对话框

提示：如果要将创建的新样式指定为创建数据透视表时的默认样式，需要选中"设置为此文档的默认数据透视表样式"复选框。

单击"格式"按钮，打开如图4-11所示的对话框，在此处为选中的元素设置边框和填充效果。

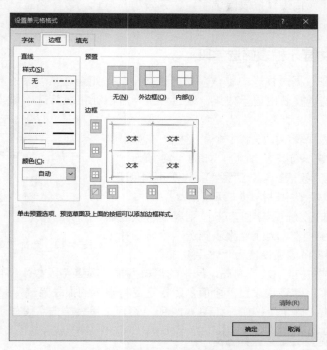

图4-11　设置所选元素的边框和填充效果

重复上述步骤，为所需的元素设置合适的格式。完成后单击"确定"按钮，关闭"新建数据透视表样式"对话框。新建的样式将显示在样式列表顶部的"自定义"类别中，如图4-12所示。

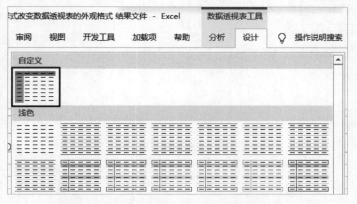

图4-12　新建的样式显示在"自定义"类别中

技巧：如果要创建的样式中的格式与某个内置样式类似，那么可以先复制这个内置样式，然后只需对复制后的样式稍加修改即可。在样式列表中右击要复制的样式，然后在弹出的菜单中选择"复制"命令，将为右击的样式创建一个副本，并可在打开的对话框中修改该副本样式的格式。

4.2　设置数据的显示方式

数据的显示方式对于数据的可读性而言至关重要，本节将介绍改变数据透视表中的数据显示方式的多种方法，包括设置报表筛选字段、字段项、总计、数字格式、空值和错误值等元素的显示方式。

4.2.1　在多个列中显示报表筛选字段

报表筛选字段在数据透视表中默认以单列进行排列，如果这类字段的数量过多，会占据太多行，严重影响数据透视表的显示效果。通过设置，可以让报表筛选字段排列在多列中，操作步骤如下：

（1）右击数据透视表中的任意一个单元格，在弹出的菜单中选择"数据透视表选项"命令，如图 4-13 所示。

（2）打开"数据透视表选项"对话框，如图 4-14 所示，在"布局和格式"选项卡中进行以下两项设置：

图 4-13　选择"数据透视表选项"命令

- "在报表筛选区域显示字段"下拉列表中默认选择的是"垂直并排"，为了让报表筛选字段显示在多个列中，需要将该项设置为"水平并排"。
- 在选择"水平并排"选项之后，原来的"每列报表筛选字段数"将自动变为"每行报表筛选字段数"，为该项设置一个值，以指定每行显示的报表筛选字段的个数。

设置完成后单击"确定"按钮。如图 4-15 所示将两个报表筛选字段显示在同一行。

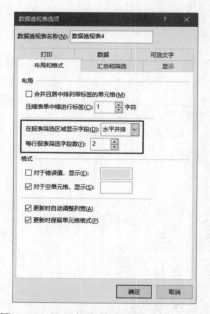

图 4-14　设置报表筛选字段的排列方式

	A	B	C	D	E
1	销售日期	(全部)		销售地区	(全部)
2					
3	商品名称	求和项:销量			
4	饼干	1466			
5	果汁	947			
6	面包	756			
7	牛奶	954			
8	啤酒	989			
9	酸奶	532			
10	总计	5644			

图 4-15　将两个报表筛选字段显示在同一行

4.2.2　设置字段项的显示方式

Excel 提供了一些用于调整字段项显示方式的选项，用户可以使用这些选项来改变字段项在数据透视表中的显示方式，不但可以让数据更清晰易读，还能起到一定的美化效果。

1．自动填充外部行字段项的名称

使用"大纲"布局或"表格"布局时，外部行字段的每一项默认只显示一次，这样将导致在外部行字段所在的列中出现很多空单元格，如图 4-16 所示。

	A	B	C
1	销售日期	(全部)	
2			
3	销售地区	商品名称	求和项:销量
4	⊟北京	饼干	260
5		果汁	67
6		面包	171
7		牛奶	90
8		啤酒	175
9	北京 汇总		763
10	⊟河北	饼干	44
11		果汁	82
12		牛奶	125
13		啤酒	90
14		酸奶	21
15	河北 汇总		362

图 4-16　外部行字段所在的列中出现很多空单元格

如果想在这些空单元格填入相应的字段项名称，可以让 Excel 自动完成。单击数据透视表中的任意一个单元格，在功能区的"数据透视表工具 | 设计"选项卡中单击"报表布局"按钮，然后在弹出的菜单中选择"重复所有项目标签"命令，如图 4-17 所示。设置后的结果类似如图 4-18 所示。

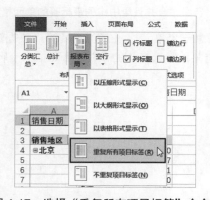

图 4-17　选择"重复所有项目标签"命令

图 4-18　自动填充字段项

如果要恢复原来的显示方式，需要在单击"报表布局"按钮后选择"不重复项目标签"命令。

2．合并居中外部行字段项

使用前面介绍的方法虽然可以为空单元格快速填充相应的字段项名称，但是从显示的角度而言，看上去实际上有些混乱，并不十分利于浏览。更好的方法是将外部行字段的每一项在其所在的分组中垂直居中显示，类似于如图 4-19 所示的效果。

要实现这种效果，需要右击数据透视表中的任意一个单元格，在弹出的菜单中选择"数据透视表选项"命令。打开"数据透视表选项"对话框，在"布局和格式"选项卡中选中"合并且居中排列带标签的单元格"复选框，然后单击"确定"按钮，如图 4-20 所示。

3．使用空行对数据分组

当在数据透视表中添加多个行字段，且这些字段中包含很多项时，大量数据紧密排列在一起，不便于查看。可以让 Excel 自动在每组数据之间插入一个空行，以此作为视觉上的分隔，类似于如图 4-21 所示的效果。

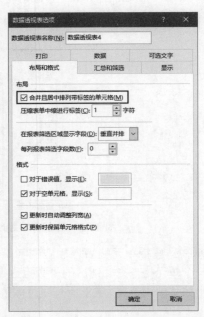

图 4-19　合并居中外部行字段项　　　图 4-20　选中"合并且居中排列带标签的单元格"复选框

要实现这种效果，需要单击数据透视表中的任意一个单元格，在功能区的"数据透视表工具|设计"选项卡中单击"空行"按钮，然后在弹出的菜单中选择"在每个项目后插入空行"命令，如图 4-22 所示。

图 4-21　在每组数据之间插入空行　　　图 4-22　为每组数据添加空行

选择"删除每个项目后的空行"命令将删除在每组数据之间插入的空行。

4.2.3　设置总计的显示方式

在创建的数据透视表中，根据行字段和列字段的数量，Excel 将同时显示行的总计值和列的总计值，或只显示其中之一。如图 4-23 所示的数据透视表中同时显示了行总计和列总计。对每行数据的总计值显示在数据透视表的最右侧，对每列数据的总计值显示在数据透视表的底部。

	A	B	C	D	E	F	G	H
1	销售日期	(全部)						
2								
3	求和项:销量	商品名称						
4	销售地区	饼干	果汁	面包	牛奶	啤酒	酸奶	总计
5	北京	260	67	171	90	175		763
6	河北	44	82		125	90	21	362
7	黑龙江	69	116	175	90	70	71	591
8	吉林	162	46	76	152	205	80	721
9	江苏	42	182	27	125		79	455
10	辽宁	140	190	130	214	95	50	819
11	山东	139	127			291		557
12	山西	250			82	10		342
13	上海	294	41	177			129	641
14	天津	66	96		76	53	102	393
15	总计	1466	947	756	954	989	532	5644

图 4-23　同时显示行总计和列总计的数据透视表

用户可以根据需要分别控制行总计和列总计的显示状态。单击数据透视表中的任意一个单元格，在功能区的"数据透视表工具 | 设计"选项卡中单击"总计"按钮，然后在弹出的菜单中选择总计的显示方式，如图 4-24 所示。4 个选项的作用如下：

- 对行和列禁用：不显示行总计和列总计。
- 对行和列启用：同时显示行总计和列总计。
- 仅对行启用：只显示行总计，不显示列总计。
- 仅对列启用：只显示列总计，不显示行总计。

图 4-24　选择总计的显示方式

4.2.4　设置值区域数据的数字格式

在大多数情况下，通常将包含数值型数据的字段放置到值区域，以便对这些数值进行汇总求和或其他统计计算。对于表示金额的数据而言，将其设置为货币格式通常更容易让人理解数据的含义，如图 4-25 所示。

	A	B	C
1	销售地区	(全部)	
2			
3	商品名称	求和项:销量	求和项:销售额
4	饼干	1466	¥5,131.00
5	果汁	947	¥4,735.00
6	面包	756	¥4,233.60
7	牛奶	954	¥2,385.00
8	啤酒	989	¥3,461.50
9	酸奶	532	¥1,915.20
10	总计	5644	¥21,861.30

图 4-25　为表示金额的数据设置货币格式

为值区域中的数据设置货币格式的操作步骤如下：

（1）在值区域中右击表示金额的数据（如"销售额"字段）所在的任意一个单元格，然后在弹出的菜单中选择"数字格式"命令，如图 4-26 所示。

图 4-26　选择"数字格式"命令

（2）打开"设置单元格格式"对话框，在"分类"列表框中选择"货币"，将右侧的"小数位数"设置为"2"，在"货币符号（国家 / 地区）"下拉列表中选择中文货币符号"￥"，然后单击"确定"按钮，如图 4-27 所示。

图 4-27　设置货币格式的相关选项

在"设置单元格格式"对话框中还可以为数值设置其他数字格式。

4.2.5　设置空值和错误值的显示方式

由于数据源格式的不规范或数据汇总结果有误，在数据透视表中可能会显示一些没有数据的空单元格或错误值。为不影响数据透视表的整体显示效果，用户可以使用更有意义的内容代替空白和错误值。

　　右击数据透视表中的任意一个单元格,在弹出的菜单中选择"数据透视表选项"命令,打开"数据透视表选项"对话框,如图 4-28 所示,在"布局和格式"选项卡中进行以下设置:

- 选中"对于错误值,显示"复选框,然后在右侧的文本框中输入要在包含错误值的单元格中显示的替代内容。此处输入的是"×",表示数据透视表中所有的错误值都将显示为"×"。
- 选中"对于空单元格,显示"复选框,然后在右侧的文本框中输入要在空单元格中显示的替代内容。此处输入的是"0",表示数据透视表中的所有空单元格都将显示为 0。

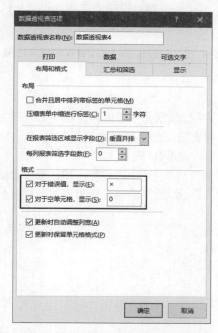

图 4-28 　设置空单元格和错误值的替代内容

4.3 　将数据分组显示

　　虽然 Excel 能够自动对数据透视表中的数据进行分类汇总,但是仍然无法完全满足灵活多变的业务需求。利用"组合"功能,用户可以对日期、数值、文本等不同类型的数据按照所需的方式进行分组。

4.3.1 　数据分组的限制

　　开始详细介绍数组分组的操作之前,先了解一下数据分组的一些注意事项,可以减少分组时出现错误的可能。待分组的数据需要注意以下两点:

- 统一的数据类型:一个字段中的所有项数据类型应该统一。如果已经学习过本书第 2 章中的内容,那么在构建数据源时,通常不会出现数据类型不统一的问题。在数据类型统一的情况下,还有一种情况需要格外注意,那就是字段中不能包含空值(即空单元格),否则可能会导致分组失败,这也正是在整理数据源时使用 0 来填充空单元格的其中一个原因。

● 正确的日期格式：如果一个字段包含的是日期型数据，那么必须确保这些数据能被 Excel 正确识别为日期格式。有时外观看上去很像日期，但是由于格式不符合 Excel 的日期格式规范，或其中存在一些看不见的字符，导致这样的数据无法被 Excel 识别为真正的日期。

如果不符合上述任意一条原则，在对数据分组时都将显示如图 4-29 所示的提示信息，此时需要修复数据源中有问题的数据。

图 4-29　分组数据时出现错误的提示信息

4.3.2　对日期分组

Excel 为数据透视表中的日期型数据提供了多种分组方式，可以按年、季度、月等方式对日期进行分组。默认情况下，将包含日期的字段添加到行区域时，Excel 会自动对该字段中的日期按"月"分组。对日期分组的操作步骤如下：

（1）右击日期字段（如"销售日期"）中的任意一项，在弹出的菜单中选择"组合"命令，或者在功能区的"数据透视表工具 | 分析"选项卡中单击"分组字段"按钮，如图 4-30 所示。

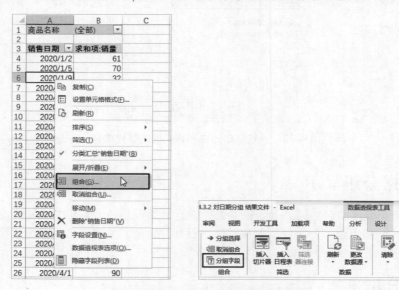

图 4-30　启动分组命令的两种方法

提示：有的 Excel 版本中的鼠标快捷菜单的分组命令为"创建组"而非"组合"。

（2）打开"组合"对话框，Excel 会自动检查日期字段中的开始日期和结束日期，并填入"起始于"和"终止于"两个文本框。在"步长"列表框中选择分组依据，比如想要按"月"分组就选择"月"，如图 4-31 所示。

（3）单击"确定"按钮，将按所选择的分组依据对日期进行分组。如图 4-32 所示为按"月"分组后的数据透视表。

图 4-31　设置分组选项

图 4-32　对日期按"月"分组

注意：如果数据源中的日期跨越多个年份，在对日期按"季度"或按"月"分组之后，每个季度或每个月将包含该季度或该月在所有年份中的汇总数据。例如，如果数据源中包含 2018 ～ 2020 年每个月的数据，在按"月"分组之后，每个月的汇总数据实际上会包含该月在这 3 年中的所有数据，比如 6 月的汇总数据，会同时包含 2018 年 6 月、2019 年 6 月和 2020 年 6 月的数据，而不是某一年 6 月的数据。为了解决这个问题，需要在分组时同时按"月"和"年"进行分组。对季度的分组与此类似。

用户还可以按小时、分、秒来对时间进行分组，操作方法与对日期分组类似。

4.3.3　对数值分组

对数值进行分组的方法与日期类似，也需要指定起始值、终止值和步长值，不同之处在于步长值是一个由用户指定的数字。如图 4-33 所示为统计各个年龄段的员工人数，此处需要对年龄进行分组，操作步骤如下：

（1）右击"年龄"字段中的任意一项，在弹出的菜单中选择"组合"命令。

（2）打开"组合"对话框，在"起始于"和"终止于"两个文本框中自动填入了数据透视表中的最小年龄（20）和最大年龄（50）。将"终止于"设置为 59，并将"步长"设置为 10，如图 4-34 所示。

图 4-33　统计各个年龄段的员工人数

图 4-34　设置分组选项

提示：此处的设置是将 20 ～ 50 的年龄以 10 年为一个阶梯，划分为 20 ～ 29、30 ～ 39、40 ～ 49、50 ～ 59 几个年龄段。由于数据透视表中的最大年龄为 50，因此需要将"终止于"设置为 59，以便构建 50 ～ 59 这个年龄段，否则将会变为 40 ～ 50。

（3）单击"确定"按钮，将统计出各个年龄段的员工人数（可以将"年龄"字段的名称改为"年龄段"）。

4.3.4 对文本分组

与 Excel 可以根据日期和数值的大小进行自动分组的情况不同，对文本进行分组的方式需要由用户指定，这是因为 Excel 无法确定用户想要以何种方式对文本分组。

如图 4-35 所示显示了商品在各个地区的销量，为了按照更大范围的地理区域来统计商品的销量，可以对这些地区按地理位置进行划分。例如，将"北京""天津""河北"和"山西"4 个地区划分为华北地区，将"黑龙江""吉林"和"辽宁"3 个地区划分为东北地区，将"上海""江苏"和"山东"划分为华东地区。

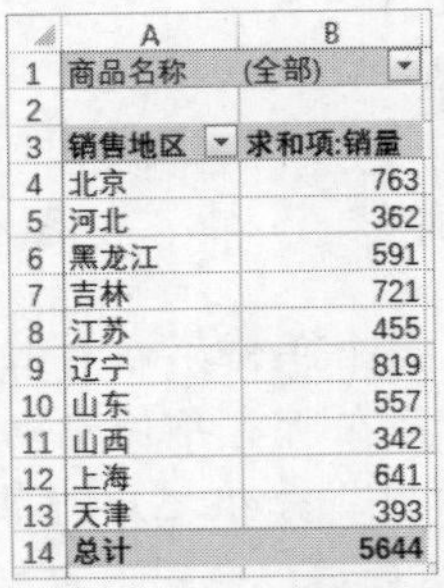

图 4-35 商品在各个地区的销量

对这些地区进行分组的操作步骤如下：

（1）选择"北京""河北""天津"和"山西"中的任意一项，按住 Ctrl 键，然后逐个单击其他 3 项，即可同时选中这 4 项，如图 4-36 所示。

（2）右击选中的任意一项，在弹出的菜单中选择"组合"命令，创建第一个组，选择该组名称所在的单元格，输入"华北地区"并按 Enter 键，如图 4-37 所示。

图 4-36 选择要分组的字段项

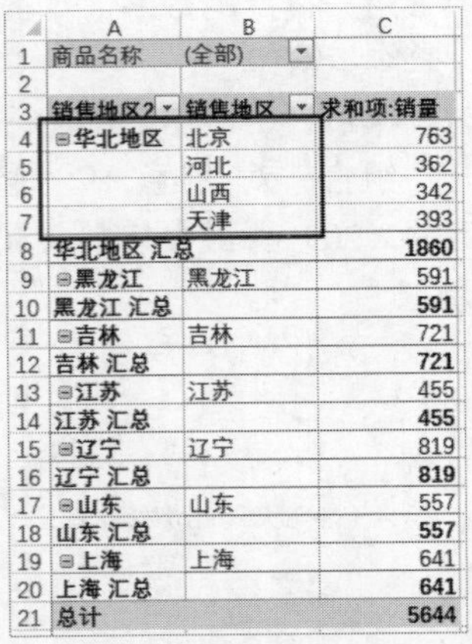

图 4- 37 创建新组并设置组的名称

注意：使用单击的方式选择单元格时，需要当鼠标指针变为 ✚ 形状时单击，才能选中单元格。

（3）使用类似的方法创建其他两个组，为"黑龙江""吉林"和"辽宁"3 个地区创建名为"东北地区"的组，为"上海""江苏"和"山东"3 个地区创建名为"华东地区"的组。创建好的数据透视表如图 4-38 所示。

	A	B	C
1	商品名称	(全部) ▼	
2			
3	销售地区2 ▼	销售地区 ▼	求和项:销量
4	⊟华北地区	北京	763
5		河北	362
6		山西	342
7		天津	393
8	华北地区 汇总		1860
9	⊟东北地区	黑龙江	591
10		吉林	721
11		辽宁	819
12	东北地区 汇总		2131
13	⊟华东地区	江苏	455
14		山东	557
15		上海	641
16	华东地区 汇总		1653
17	总计		5644

图 4-38　分组后的数据

（4）将 A3 单元格中的名称改为"销售区域"，然后右击该单元格，在弹出的菜单中取消"分类汇总'销售区域'"的选中状态，如图 4-39 所示。完成后的数据透视表如图 4-40 所示。

图 4-39　取消"分类汇总'销售区域'"的选中状态

图 4-40　完成后的数据透视表

4.3.5　对报表筛选字段中的项分组

Excel 没有为报表筛选字段提供分组的命令。如图 4-41 所示，在右击报表筛选字段后所弹出的菜单中没有"组合"命令，在功能区的"数据透视表工具 | 分析"选项卡中，所有与分组相关的命令也都处于禁用状态。

图 4-41　没有可用于为报表筛选字段分组的命令

如果需要对报表筛选字段中的数据分组，可以采用迂回的方法。先将要分组的报表筛选字段移动到行区域或列区域，然后使用 4.3.4 节介绍的方法对该字段进行分组，最后将分组后创建的新字段移动到报表筛选区域。如图 4-42 所示展示了对报表筛选字段分组前、后的效果对比。

图 4-42　对报表筛选字段分组前、后效果对比

4.3.6　取消分组

用户可以随时取消已分组的数据，有以下两种方法：

- 右击已分组的字段中的任意一项，然后在弹出的菜单中选择"取消组合"命令，如图 4-43 所示。
- 单击已分组的字段中的任意一项，然后在功能区的"数据透视表工具 | 分析"选项卡中单击"取消组合"按钮，如图 4-44 所示。

图 4-43　选择"取消组合"命令　　　　　图 4-44　单击"取消组合"按钮

4.4　查看数据透视表中的明细数据

创建数据透视表的目的是查看和分析汇总数据。汇总数据由大量的明细数据经过汇总计算得到，用户可以使用多种方法来查看数据透视表中的明细数据。

4.4.1　设置"展开"/"折叠"按钮和字段标题的显示状态

在数据透视表的行区域中添加多个字段之后，外部行字段中的每一项的左侧将显示"+"或"-"按钮，如图 4-45 所示。单击它们可以展开或折叠其下属的内部行字段中的项。

	A	B	C
1	销售日期	(全部)	
2			
3	商品名称	销售地区	求和项:销量
4	⊞ 饼干		1466
5	⊟ 果汁	北京	67
6		河北	82
7		黑龙江	116
8		吉林	46
9		江苏	182
10		辽宁	190
11		山东	127
12		上海	41
13		天津	96
14	果汁 汇总		947
15	⊟ 面包	北京	171
16		黑龙江	175

图 4-45　字段项左侧的展开和折叠按钮

如果不想显示这两个按钮，可以单击数据透视表中的任意一个单元格，然后在功能区的"数据透视表工具 | 分析"选项卡中单击"+/- 按钮"，如图 4-46 所示。再次单击该按钮，将在字段项左侧重新显示"+"和"-"按钮。

图 4-46　设置字段项左侧的展开或折叠按钮的显示状态

提示：即使隐藏字段项左侧的"+"或"-"按钮，用户仍然可以通过双击字段项来显示或隐藏其下属的字段项。

单击"+/- 按钮"右侧的"字段标题"按钮，将在显示字段标题和隐藏字段标题两种状态之间切换。如图 4-47 所示为隐藏字段标题时的数据透视表。

	A	B	C
1	销售日期	(全部)	
2			
3			求和项:销量
4	⊟ 饼干	北京	260
5		河北	44
6		黑龙江	69
7		吉林	162
8		江苏	42
9		辽宁	140
10		山东	139
11		山西	250
12		上海	294
13		天津	66
14	饼干 汇总		1466
15	⊟ 果汁	北京	67
16		河北	82

图 4-47　隐藏字段标题

4.4.2　显示和隐藏明细数据的常用方法

查看行区域与查看列区域中的明细数据的方法类似，此处以查看行区域中的明细数据为例来进行介绍。显示和隐藏明细数据的常用方法有以下几种：

- 单击外部行字段项左侧的"+"按钮，将显示该项中的明细数据，单击"-"按钮将隐藏该项中的明细数据。
- 反复双击外部行字段中的项，将在显示和隐藏明细数据之间切换。
- 右击外部行字段中的项，在弹出的菜单中选择"展开/折叠"命令，然后在子菜单中选择所需的命令，如图 4-48 所示。

图 4-48   使用鼠标快捷菜单命令查看明细数据

- 双击内部行字段中的项，打开"显示明细数据"对话框，如图 4-49 所示，从中选择一个字段，然后单击"确定"按钮，将显示基于所选字段的明细数据，如图 4-50 所示。这种方式实际上是在行区域中添加了选择的字段，从而与原字段形成新的嵌套关系。

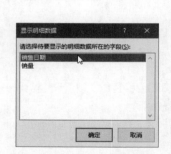

图 4-49   选择一个字段

图 4-50   显示基于所选字段的明细数据

4.4.3   在单独的工作表中显示明细数据

数据透视表中的数据是对数据源中同类项的汇总，有时可能想要查看汇总数据的来源明细。为此可以双击值区域中某个感兴趣的汇总值，如图 4-51 所示，Excel 将自动新建一个工作表，并在其中显示与双击的值相关的所有记录，如图 4-52 所示。

图 4-51　双击感兴趣的汇总值

图 4-52　在新工作表中显示明细数据

4.4.4　禁止显示明细数据

如果想要避免误操作或不想让别人查看明细数据,那么可以通过设置来禁止显示明细数据。右击数据透视表中的任意一个单元格,在弹出的菜单中选择"数据透视表选项"命令,打开"数据透视表选项"对话框,在"数据"选项卡中取消选中"启用显示明细数据"复选框,如图 4-53 所示,然后单击"确定"按钮。

经过此设置,将无法再使用以下 3 种方法来查看明细数据:

- 双击外部行字段中的项,不会显示和隐藏明细数据。
- 双击内部行字段中的项,不会显示"显示明细数据"对话框。
- 双击值区域中的值,不会创建新的工作表,而是显示如图 4-54 所示的提示信息。

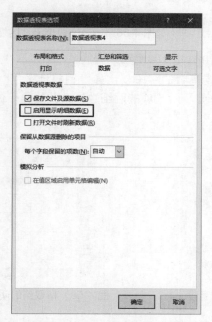

图 4-53　取消选中"启用显示明细数据"复选框

图 4-54　双击汇总值时显示的提示信息

4.4.5　钻取明细数据

利用"钻取"功能,用户可以在将数据透视表添加到数据模型之后,在无须重新布局字段的情况下，快速以不同角度查看数据。

首先需要基于数据源创建一个数据透视表，但是与创建普通数据透视表的唯一区别是，必须在"创建数据透视表"对话框中选中"将此数据添加到数据模型"复选框，如图 4-55 所示。

提示：关于数据模型的更多内容，请参考第 8 章。

单击"确定"按钮，创建一个数据透视表，Excel 自动将其添加到数据模型中。在"数据透视表字段"窗格中将显示"区域"，展开"区域"，其中包含可以添加到数据透视表中的所有字段，如图 4-56 所示。

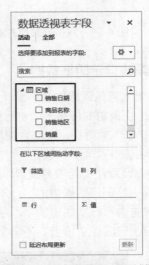

图 4-55　选中"将此数据添加到数据模型"复选框　　　　图 4-56　所有字段位于"区域"中

根据需要对字段进行布局，然后单击行字段中想要查看明细数据的项，将显示"快速浏览"按钮 🔍。单击该按钮，在显示的面板中选择想要查看的字段，比如"销售地区"|"钻取到销售地区"，如图 4-57 所示。即可快速切换视角，显示所选项的明细数据，此处显示的是果汁在各个地区的销量，如图 4-58 所示。

图 4-57　单击"快速浏览"按钮并选择要查看的字段

图 4-58　钻取到的明细数据

4.5　刷新数据透视表

如果修改了数据源中的数据，为了保持与数据源中的数据同步，应该及时对数据透视表执行刷新操作，以反映数据源中数据的最新修改结果。对数据源的修改分为两种情况：一种是只修改数据源中的数据，但是不改变数据源的范围；另一种是改变了数据源的范围，比如添加了新的数据导致数据源范围增大，或者删除部分数据导致数据源的范围变小。刷新方式分为手动和自动两种，手动方式需要用户执行刷新命令才能完成，自动方式可以在打开工作簿或指定的时间间隔自动完成。

4.5.1　刷新未改变数据源范围的数据透视表

如果只是修改了数据源中的数据，但是没有改变数据源的范围，那么可以使用以下几种方法刷新数据透视表：

- 右击数据透视表中的任意一个单元格，在弹出的菜单中选择"刷新"命令，如图 4-59 所示。
- 单击数据透视表中的任意一个单元格，然后在功能区的"数据透视表工具 | 分析"选项卡中单击"刷新"按钮，如图 4-60 所示。如果要刷新工作簿中的多个数据透视表，可以单击"刷新"按钮上的下拉按钮，然后在弹出的菜单中选择"全部刷新"命令。
- 单击数据透视表中的任意一个单元格，然后按 Alt+F5 快捷键。

图 4-59　选择"刷新"命令

图 4-60　单击"刷新"按钮

4.5.2　刷新改变了数据源范围的数据透视表

如果修改数据源时改变了其范围，为了让数据透视表能够捕获数据源的最新范围，需要在功能区的"数据透视表工具 | 分析"选项卡中单击"更改数据源"按钮，如图 4-61 所示。打开"更改数据透视表数据源"对话框，单击"表 / 区域"文本框右侧的"折叠"按钮 ，如图 4-62 所示，然后在工作表中重新选择数据源的范围，最后单击"确定"按钮。

图 4-61　单击"更改数据源"按钮

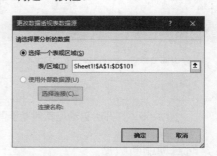

图 4-62　重新指定数据源的范围

4.5.3 自动刷新数据透视表

除了手动刷新数据透视表之外，Excel 也提供了自动刷新数据透视表的两种方法，一种是在每次打开工作簿时自动刷新其中的数据透视表，另一种是按照指定的时间间隔自动刷新数据透视表。

1．打开数据透视表时自动刷新数据

可以在打开数据透视表时自动刷新数据。右击数据透视表中的任意一个单元格，在弹出的菜单中选择"数据透视表选项"命令，打开"数据透视表选项"对话框，在"数据"选项卡中选中"打开文件时刷新数据"复选框，如图 4-63 所示，然后单击"确定"按钮。

提示：刷新数据透视表时，可以自动调整数据透视表中单元格的宽度，使其正好与其中的内容宽度相匹配。为此需要在"数据透视表选项"对话框的"布局和格式"选项卡中选中"更新时自动调整列宽"复选框，如图 4-64 所示。

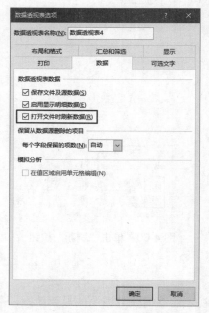

图 4-63　选中"打开文件时刷新数据"复选框

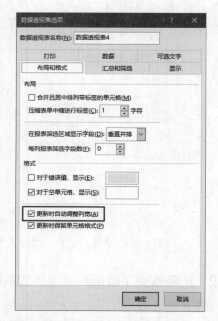

图 4-64　选中"更新时自动调整列宽"复选框

如果基于同一个数据源创建了多个数据透视表，在进行以上设置时，将显示如图 4-65 所示的提示信息，这意味着"打开工作簿时自动刷新"这一功能同时对这些数据透视表生效。

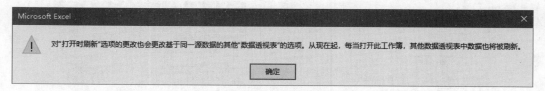

图 4-65　打开时自动刷新对基于同一个数据源创建多个数据透视表都有效

2．定时自动刷新数据

如果使用外部数据作为创建数据透视表的数据源，通过设置可以让 Excel 按指定的时间间

隔定时自动刷新数据透视表，以便从外部数据源中获取最新的数据。这个功能也可用于同一个工作簿的自我刷新，即将本工作簿当作外部数据源来加载。下面就以工作簿的自我刷新为例，来介绍定时自动刷新数据的方法，操作步骤如下：

（1）打开包含数据源的工作簿，在功能区的"插入"选项卡中单击"数据透视表"按钮，打开"创建数据透视表"对话框，选中"使用外部数据源"单选按钮，然后单击"选择连接"按钮，如图 4-66 所示。

（2）打开"现有连接"对话框，单击"浏览更多"按钮，如图 4-67 所示。

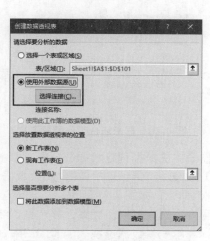

图 4-66　单击"选择连接"按钮

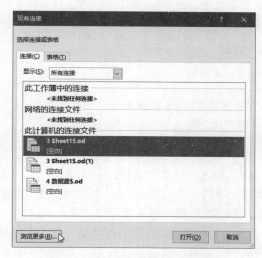

图 4-67　单击"浏览更多"按钮

（3）打开"选取数据源"对话框，双击第（1）步打开的工作簿，如图 4-68 所示。

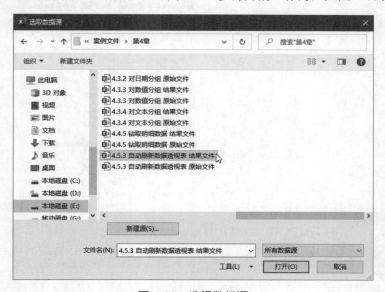

图 4-68　选择数据源

（4）打开"选择表格"对话框，选择数据源所在的工作表，然后单击"确定"按钮，如图 4-69 所示。

（5）返回"创建数据透视表"对话框，其中显示了第（4）步选择的工作簿的名称，如图4-70所示。

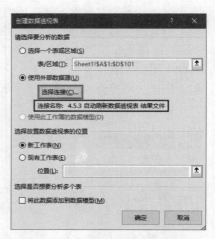

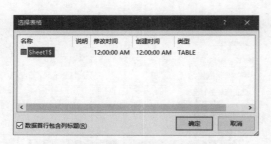

图4-69　选择数据源所在的工作表

图4-70　显示所选工作簿的名称

（6）单击"确定"按钮，将使用该工作簿中所选工作表中的数据创建数据透视表。单击数据透视表中的任意一个单元格，在功能区的"数据透视表工具|分析"选项卡中单击"更改数据源"按钮上的下拉按钮，然后在弹出的菜单中选择"连接属性"命令，如图4-71所示。

（7）打开"连接属性"对话框，在"使用状况"选项卡中选中"刷新频率"复选框，然后在右侧的文本框中输入以"分钟"为单位的时间，该时间表示刷新数据透视表的时间间隔，如图4-72所示，最后单击"确定"按钮。

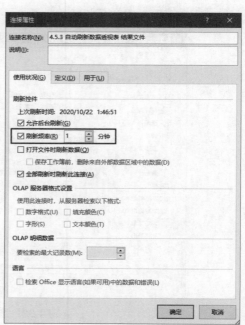

图4-71　选择"连接属性"命令

图4-72　设置自动刷新的时间间隔

第 5 章
排序和筛选数据透视表中的数据

排序和筛选是在数据透视表中查看数据的两种常用操作。通过排序，用户可以快速了解数据的分布规律；通过筛选，用户可以快速找到符合条件的数据。在筛选数据方面，除了常规的筛选方法之外，用户还可以使用切片器以更直观、更便捷的方式筛选数据。本章将介绍在数据透视表中排序和筛选数据的方法。

5.1 排序数据

在数据透视表中排序数据的方法，与在普通单元格区域中排序数据极其类似。在数据透视表中可以简单地对数据进行升序或降序排列，也可以手动移动数据或通过"自定义序列"功能来以自定义的顺序排列数据。

5.1.1 排序规则

在 Excel 中，不同类型的数据按照以下方式从小到大排列：

数值<文本<逻辑值

即：

…、-3、-2、-1、0、1、2、3、…、A-Z、FALSE、TRUE

数据排序的具体规则如下：

- 数值按照数字的大小进行排序，即：负数 <0< 正数。
- 日期的本质也是数值，其排序方式与数值相同。
- 文本按照英文字母的排列顺序进行排序，即：A<B<……<Y<Z。
- 逻辑值 FALSE 小于逻辑值 TRUE。
- 错误值不参与排序，任何数据与错误值进行比较，都将返回错误值。
- 无论升序或降序排列，空单元格总在最后。

5.1.2　升序或降序排列数据

在数据透视表中，字段中的项默认按照名称的首字母升序排列。如图 5-1 所示，所有商品名称以首字母升序排列。"饼干"的首字母为 B，"果汁"的首字母为 G，由于字母 B 位于字母 G 之前，因此"饼干"排在"果汁"的上方。其他商品名称的排列方式以此类推。

用户可以使用以下两种方法对字段项进行升序或降序排列：

- 单击"商品名称"字段中的任意一项，然后在功能区的"数据"选项卡中单击"升序"或"降序"按钮，如图 5-2 所示。

图 5-1　所有商品默认按照名称的首字母升序排列　　　　图 5-2　使用功能区命令排序

- 右击"商品名称"字段中的任意一项，在弹出的菜单中选择"排序"命令，然后在子菜单中选择"升序"或"降序"命令，如图 5-3 所示。

如图 5-4 所示为商品名称降序排列后的结果，在该字段右侧的下拉按钮上将显示一个向下的箭头，表示该字段当前正处于降序排列状态。

图 5-3　使用鼠标快捷菜单命令排序　　　　图 5-4　降序排列商品名称

上面介绍的是对文本型数据进行升序或降序排列的方法，对数值型数据的排序方法与此类似。

5.1.3　按照自定义顺序排列数据

有时单纯以首字母顺序或数值大小进行升序或降序排列并不能满足实际需求，Excel 为用户提供了两种按照任意顺序排列数据的方法：使用鼠标拖动字段项和自定义序列。

1．使用鼠标拖动字段项

如果要排序的字段项数量不多，那么可以使用鼠标将字段项拖动到目标位置来完成排序。单击要排序的字段项，然后将鼠标指针移动到该项所在单元格的边框上，当鼠标指针变为黑色的十字箭头时，按住鼠标左键将该项拖动到目标位置即可。拖动过程中将显示一条粗线，标识当前移动到的位置，如图 5-5 所示。

2．自定义序列

如果要排序的字段数量较多，那么使用前面介绍的方法会耗费较多时间，且容易出错。此时可以使用"自定义序列"功能。使用该功能之前，需要先在 Excel 中创建一个包含要排序的所有项的列表，并按所需顺序将这些项输入到这个列表中，之后将这个列表应用到字段排序中。创建的自定义序列列表不仅可以在数据透视表中使用，还可用于普通的单元格区域。

如图 5-6 所示为商品名称在排序前的顺序，如果想以"啤酒""果汁""牛奶""酸奶""面包"和"饼干"的顺序从上到下依次排列，那么需要创建自定义序列才能实现。

图 5-5　手动调整字段项的位置　　　　图 5-6　排序前的商品名称

操作步骤如下：

（1）单击"文件"按钮并选择"选项"命令，打开"Excel 选项"对话框，在"高级"选项卡中单击"编辑自定义列表"按钮，如图 5-7 所示。

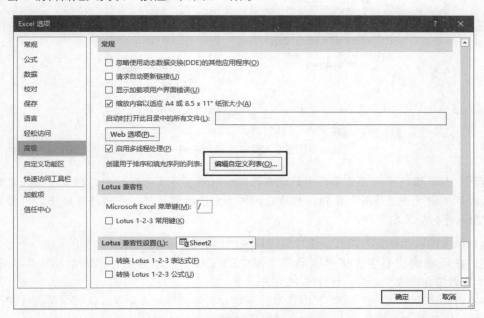

图 5-7　单击"编辑自定义列表"按钮

（2）打开"自定义序列"对话框，在"输入序列"文本框中按照前面定好的顺序依次输入商品的名称，每输入一个名称按一次 Enter 键，让所有名称呈纵向排列，如图 5-8 所示。

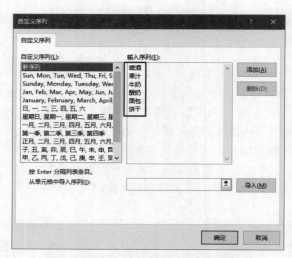

图 5-8 按照自定义顺序输入商品的名称

（3）单击"添加"按钮，将输入的内容添加到左侧的列表框中，如图 5-9 所示。

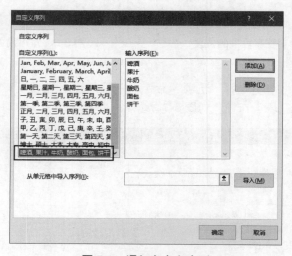

图 5-9 添加自定义序列

技巧：如果已经将自定义序列中的所有内容输入到了单元格区域中，那么可以在"自定义序列"对话框中单击"导入"按钮，然后在工作表中选择该区域，即可将区域中的内容直接导入到"输入序列"文本框中。

（4）单击两次"确定"按钮，依次关闭打开的对话框，完成自定义序列的创建。

（5）在数据透视表中右击"商品"字段中的任意一项，然后在弹出的菜单中选择"排序"|"其他排序选项"命令，如图 5-10 所示。

（6）打开"排序（商品名称）"对话框，选中"升序排序（A 到 Z）依据"单选按钮，然后从下方的下拉列表中选择"商品名称"，再单击"其他选项"按钮，如图 5-11 所示。

（7）打开"其他排序选项（商品名称）"对话框，取消选中"每次更新报表时自动排序"复选框，然后在"主关键字排序顺序"下拉列表中选择第（1）～（4）步中创建的自定义序列，如图 5-12 所示。

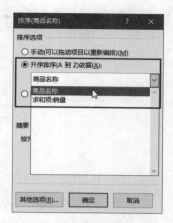

图 5-10 选择"其他排序选项"命令　　　　　图 5-11 设置排序选项

（8）单击两次"确定"按钮，数据透视表中的商品名称将按用户指定的顺序排列，如图 5-13 所示。

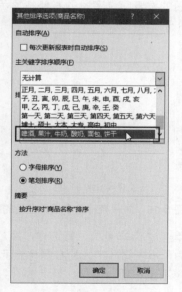

图 5-12 选择自定义序列

图 5-13 按用户指定的顺序排列数据

5.2 使用报表筛选字段筛选数据

用户可以使用报表筛选字段对整个数据透视表以"页"为单位来筛选数据。例如，可以将"商品名称"字段放置到报表筛选区域，然后可以查看一个或多个商品的销售汇总数据。利用"显示报表筛选页"功能，用户可以将报表筛选字段中的各个项的汇总数据分别显示在多个工作表中，以便于分页查看。

5.2.1 筛选一项或多项

默认情况下，在将字段添加到报表筛选区域之后，该字段右侧将显示"（全部）"文字，表示数据透视表当前显示的是该字段中所有项的汇总数据。如图 5-14 所示显示的是来自于不同产地的各种商品的销量情况，"商品名称"字段是报表筛选字段，当前显示的是该字段中的所有商品的汇总数据。

图 5-14　未筛选的报表筛选字段

可以根据需要，只显示报表筛选字段中的一项或多项的汇总结果。单击报表筛选字段（如"商品名称"）右侧的下拉按钮，在打开的列表中选择所需的一项，如图 5-15 所示。单击"确定"按钮，在数据透视表中将只显示所选项的汇总数据，筛选后的报表筛选字段的右侧将显示当前选中的项的名称，同时会在下拉按钮上显示漏斗标记，如图 5-16 所示。

图 5-15　在筛选列表中选择要查看的城市名称　　图 5-16　对报表筛选字段筛选后的数据

如果想要同时筛选多项，可以在打开的列表中选中"选择多项"复选框，然后选中所需的每一项开头的复选框，如图 5-17 所示。选择多项之后，报表筛选字段的右侧将显示"（多项）"文字，如图 5-18 所示，表示当前为该字段设置的筛选不止一项。

图 5-17　选中"选择多项"复选框　　图 5-18　为报表筛选字段设置多项筛选

技巧：如果报表筛选字段中项的数量很多，而在筛选时只想选择少数几项，此时可以在选中"选择多项"复选框之后，先取消选中"全部"复选框，然后再选中所需的少数几项。

5.2.2 清除筛选状态

当报表筛选字段处于筛选状态时，在数据透视表中只会显示与筛选项相关的汇总数据。如果要显示全部数据，需要清除筛选状态，有以下几种方法：

- 单击处于筛选状态的报表筛选字段右侧的下拉按钮，在打开的列表中选中"全部"复选框，然后单击"确定"按钮。
- 单击数据透视表中的任意一个单元格，在功能区的"数据透视表工具 | 分析"选项卡中单击"清除"按钮，然后在弹出的菜单中选择"清除筛选"命令，如图 5-19 所示。
- 单击数据透视表中的任意一个单元格，在功能区的"数据"选项卡中单击"清除"按钮，如图 5-20 所示。

图 5-19 选择"清除筛选"命令

图 5-20 单击"清除"按钮

5.2.3 分页显示报表筛选字段项的汇总数据

虽然可以通过在报表筛选字段中设置不同的筛选项来查看特定的汇总数据，但是来回切换不同的筛选项比较麻烦，也不利于数据之间的对比。利用"显示报表筛选页"功能，用户可以将报表筛选字段中每一项的汇总数据显示在各自独立的工作表中，操作步骤如下：

（1）单击数据透视表中的任意一个单元格，在功能区的"数据透视表工具 | 分析"选项卡中单击"选项"按钮右侧的下拉按钮，然后在弹出的菜单中选择"显示报表筛选页"命令，如图 5-21 所示。

图 5-21 选择"显示报表筛选页"命令

（2）打开"显示报表筛选页"对话框，如图 5-22 所示，选择要分页显示的字段，然后单击"确定"按钮。

Excel 将根据报表筛选字段中项的多少，创建相应数量的工作表，并在这些工作表中显示各个项的汇总数据，每个工作表的标签名称自动以项的名称命名，如图 5-23 所示。正因为报表筛选字段的这个功能，有时也将报表筛选字段称为"页字段"。

图 5-22 选择要分页显示的字段　　　　图 5-23 在多个工作表中显示各个项的汇总数据

注意：如果报表筛选字段正处于筛选状态，那么在使用"显示报表筛选页"功能时，Excel 会根据在报表筛选字段中当前选中的项来创建工作表，而非为所有项创建工作表。

5.3　使用行字段和列字段筛选数据

除了对报表筛选字段进行筛选之外，用户还可以对行字段和列字段执行筛选，而且对这两种字段的筛选操作更频繁。行字段和列字段中的数据类型决定了可以使用的筛选方式。由于行字段和列字段的筛选方法类似，因此本节以在行字段中进行筛选为例来进行介绍。

5.3.1　筛选一项或多项

在行字段中筛选出一项或多项的方法，与在报表筛选字段中进行相同筛选的方法类似，只需单击行字段（如"商品名称"）右侧的下拉按钮，在打开的列表中选择一项或多项，如图 5-24 所示，最后单击"确定"按钮。处于筛选状态的行字段的右侧也会显示漏斗标记，如图 5-25 所示。

图 5-24 筛选行字段　　　　图 5-25 对行字段筛选后的结果

用户还可以使用鼠标快捷菜单中的命令执行筛选操作。在数据透视表中选择要在筛选后显示出来的一项或多项，选择多项时，需要按住 Ctrl 键并单击各项。然后右击选中的任意一项，在弹出的菜单中选择"筛选"|"仅保留所选项目"命令，即可将选中的这些项显示在数据透视表中，而隐藏其他项，如图 5-26 所示。

　　注意：如果数据透视表使用"压缩"布局，并且添加了多个行字段，此时在打开的字段筛选列表的顶部将显示一个下拉列表，用户需要从中选择当前要对哪个行字段进行筛选，然后在下方选择特定行字段中的项，如图 5-27 所示。

图 5-26　选择"仅保留所选项目"命令

图 5-27　"压缩"布局时的字段筛选方式

5.3.2　筛选文本

　　用户可以使用字段筛选列表中的"标签筛选"选项筛选文本类型的数据。筛选出包含"山"字的产地及其汇总数据的操作步骤如下：

　　（1）单击"产地"字段右侧的下拉按钮，在打开的列表中选择"标签筛选"|"包含"命令，如图 5-28 所示。

　　（2）打开"标签筛选（产地）"对话框，在右侧的文本框中输入"山"，如图 5-29 所示，然后单击"确定"按钮，将在数据透视表中显示名称包含"山"字的所有产地的汇总数据，如图 5-30 所示。

图 5-28　选择"标签筛选"中的"包含"命令

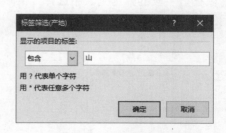

图 5-29　设置筛选条件

提示：如果在第（1）步中选择了错误的筛选条件类型，那么在打开"标签筛选（产地）"对话框之后，可以在左侧的下拉列表中更改筛选条件的类型，如图 5-31 所示。

图 5-30　筛选结果

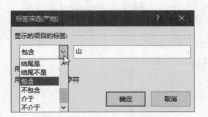

图 5-31　选择筛选条件

5.3.3　筛选数值

虽然值字段没有直接提供筛选的选项，但是用户可以使用行字段中的"值筛选"选项对数值进行筛选。单击行字段右侧的下拉按钮，在打开的列表中选择"值筛选"命令，然后在弹出的子菜单中选择筛选条件的类型，如图 5-32 所示。

选择一个筛选条件类型之后，打开如图 5-33 所示的对话框，在右侧的文本框中输入筛选条件。由于此处要筛选销量大于 900 的所有商品销售数据，因此在文本框中输入 900。单击"确定"按钮，将在数据透视表中显示商品销量大于 900 的汇总数据，如图 5-34 所示。

图 5-32　为数值选择筛选条件的类型

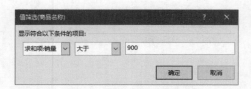

图 5-33　设置筛选条件

用户可以在筛选数值时设置一个区间范围，比如筛选商品销量在 600～1000 的汇总数据。为此需要在行字段的筛选列表中选择"值筛选"|"介于"命令，在打开的对话框中分别设置数值区间的上、下限，如图 5-35 所示。

图 5-34　筛选结果

图 5-35　设置筛选的数值区间范围

5.3.4　筛选日期

虽然日期本质上也是数值，但是 Excel 为日期的筛选提供了特定的选项。虽然与数值筛选的选项不同，但是作用类似。用户既可以筛选出一个精确的日期，也可以筛选出指定范围内的日期。

如图 5-36 所示，筛选出第一季度（即 2020 年 1 月 1 日～ 2020 年 3 月 31 日）的汇总数据的操作步骤如下：

（1）单击"销售日期"字段右侧的下拉按钮，在打开的列表中选择"日期筛选"|"介于"命令，如图 5-37 所示。

图 5-36　待筛选的数据

图 5-37　选择"日期筛选"中的"介于"命令

（2）打开"日期筛选（销售日期）"对话框，在中间的文本框右侧单击 按钮，然后在打开的日期控件上选择起始日期，如图 5-38 所示。

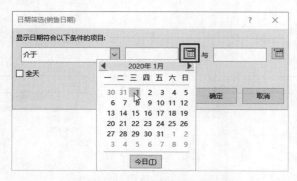

图 5-38　选择起始日期

（3）使用与第（2）步类似的方法，在右侧的文本框中指定结束日期，如图 5-39 所示。单击"确定"按钮，将筛选出位于指定日期范围内的汇总数据，如图 5-40 所示。

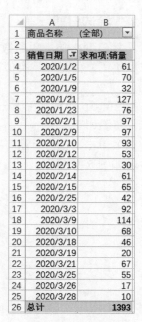

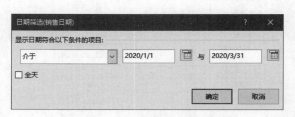

图 5-39　选择结束日期

图 5-40　筛选结果

5.3.5　使用搜索功能和通配符筛选数据

更灵活的筛选方式是在筛选列表的搜索框中输入要筛选出的数据，以便让 Excel 快速找到匹配的内容。在使用搜索功能筛选数据时，可以使用 ? 和 * 两个通配符，"?" 代表单个字符，"*" 代表 0 个或多个字符，这样可以快速找到具有类似内容的多个匹配结果。

单击行字段右侧的下拉按钮，在打开的列表中有一个文本框，如图 5-41 所示，用户可以在其中输入要筛选的数据。例如，要筛选出名称中带有"北"字的产地，可以在搜索框中输入"*北*"，Excel 将在列表下方显示匹配的内容，如"北京"和"河北"，如图 5-42 所示。

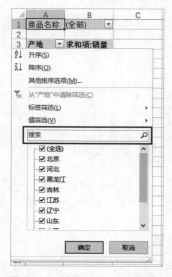

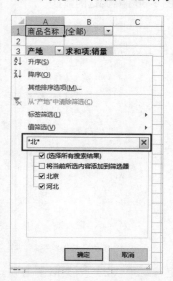

图 5-41　筛选列表中的搜索框

图 5-42　在搜索时使用通配符

5.3.6　清除筛选状态

如果要清除行字段的筛选状态，可以单击行字段右侧的下拉按钮，在打开的列表中选择"从 xx 中清除筛选"命令（xx 代表行字段的名称），如图 5-43 所示。

图 5-43　清除行字段的筛选状态

用户还可以使用与报表筛选字段类似的清除筛选状态的方法，具体请参考 5.2.2 节。但是这两种方法将会清除数据透视表中所有字段的筛选状态，而不只是行字段的。

5.4　使用切片器筛选数据

"切片器"功能使用户在数据透视表进行的数据筛选操作变得更简单、更直观。每一个切片器对应于数据透视表中的一个特定字段，切片器中包含特定字段的所有项，通过在切片器中选择或取消选择一个或多个项来完成对数据的筛选。实际上，切片器为用户与字段项的筛选之间提供了一种易于操作的图形化界面。除了为一个数据透视表创建切片器之外，用户还可以在多个数据透视表中共享同一个切片器，从而实现多个数据透视表之间的筛选联动。

5.4.1　创建切片器

只需简单的几步即可为数据透视表创建切片器。单击数据透视表中的任意一个单元格，然后可以从以下两个位置启动切片器命令：

- 在功能区的"数据透视表工具|分析"选项卡中单击"插入切片器"按钮，如图 5-44 所示。
- 在功能区的"插入"选项卡中单击"切片器"按钮，如图 5-45 所示。

图 5-44　单击"插入切片器"按钮

图 5-45　单击"切片器"按钮

使用以上任意一种方法将打开"插入切换器"对话框，其中列出了当前数据透视表中的所有字段，即使没有添加到数据透视表的字段也会显示出来，如图 5-46 所示。选中要创建切片器的字段开头的复选框（如"商品名称"），然后单击"确定"按钮。

Excel 将根据用户所选择的字段创建对应的切片器。由于此处选择了"商品名称"字段，因此创建了一个切片器，切片器顶部的标题为该字段的名称，如图 5-47 所示。

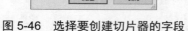

图 5-46　选择要创建切片器的字段　　　图 5-47　为数据透视表创建切片器

切片器中所有项目的选中状态与创建切片器之前该字段的筛选状态相对应，选中的项目呈蓝色背景，表示当前正显示在数据透视表中，相当于筛选出的数据；未选中的项目呈白色背景，表示当前没有显示在数据透视表中，相当于筛选掉的数据。

无论当前选中哪些项目，单击任意一个项目都会自动取消其他项目的选中状态。如果想要同时选中多个项目，可以单击切片器顶部的"多选"按钮 ⊟，开启多选模式，如图 5-48 所示。

开启多选模式之后，选择项目有以下几种方法：

- 要选择多个项目，可以逐个单击这些项目，每次单击一个项目都会将其选中。
- 如果单击已选中的项目，则将取消其选中状态。
- 如果当前在切片器中只选中了一个项目，单击该项目时，将自动选中切片器中的所有项目。

在切片器中选中的项目会同步反映到数据透视表中。如图 5-49 所示，在切片器中选中了"果汁""牛奶"和"面包"3 项，在数据透视表中也会显示这 3 项的汇总数据。

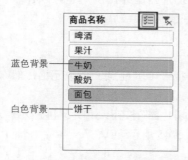

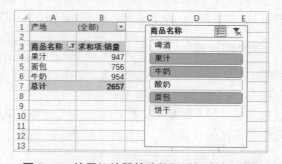

图 5-48　单击"多选"按钮开启多选模式　　图 5-49　使用切片器筛选数据透视表中的数据

提示： 用户可以拖动切片器将其移动到工作表中适当的位置。如果创建了多个切片器，可以按住 Shift 键，然后单击每一个切片器，从而将它们同时选中，再一起移动。还可以在功能区的"切片器工具 | 选项"选项卡中单击"对齐"按钮，然后在弹出的菜单中选择自动对齐多个切片器的方式，如图 5-50 所示。

图 5-50　选择自动对齐多个切片器的方式

5.4.2　清除切片器的筛选状态

用户可以随时清除切片器的筛选状态，有以下两种方法：

- 单击切片器右上角的"清除筛选器"按钮 ，如图 5-51 所示。
- 右击切片器，在弹出的菜单中选择"从……中清除筛选器"命令，省略号表示字段的名称，如图 5-52 所示。

图 5-51　单击"清除筛选器"按钮

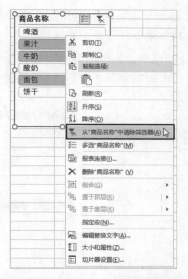

图 5-52　选择"从……中清除筛选器"命令

5.4.3　在多个数据透视表中共享切片器

为一个数据透视表创建切片器之后，可以将该切片器共享给其他数据透视表，在对这个切片器执行筛选时，筛选操作将同时作用于其他数据透视表。在多个数据透视表中共享切片器的操作步骤如下：

（1）在同一个工作簿中创建多个数据透视表，然后为其中一个数据透视表创建切片器。

（2）右击要共享的切片器，在弹出的菜单中选择"报表连接"命令，如图 5-53 所示。

（3）打开如图 5-54 所示的对话框，选中要连接到当前切片器的数据透视表名称开头的复选框。此时可以发现，为数据透视表命名一个易于识别的名称很重要。

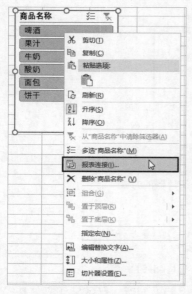

图 5-53　选择"报表连接"命令

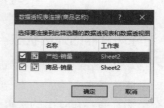

图 5-54　选择要连接到切片器的数据透视表

注意：每次只能为一个切片器设置共享模式，如果同时选择多个切片器，鼠标快捷菜单中的"报表连接"命令将处于禁用状态。

如图 5-55 所示，两个数据透视表共享名为"商品名称"的切片器，在该切片器中选择不同的项目时，将同时筛选两个数据透视表中的数据。

	A	B	C	D	E
1	商品名称	求和项:销量		商品名称	
2	面包	756		啤酒	
3	牛奶	954		果汁	
4	总计	1710		牛奶	
5				酸奶	
6				面包	
7				饼干	
8					
9					
10	产地	求和项:销量			
11	北京	261			
12	河北	125			
13	黑龙江	265			
14	吉林	228			
15	江苏	152			
16	辽宁	344			
17	山西	82			
18	上海	177			
19	天津	76			
20	总计	1710			

图 5-55　共享的切片器同时筛选两个数据透视表中的数据

如果为数据透视表创建了多个切片器，那么还可以为数据透视表选择与哪些切片器连接。单击数据透视表中的任意一个单元格，在功能区的"数据透视表工具|分析"选项卡中单击"筛选器连接"按钮，如图 5-56 所示，然后在打开的对话框中选择与哪些切片器连接，如图 5-57 所示。

图 5-56　单击"筛选器连接"按钮

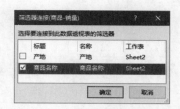

图 5-57　为数据透视表选择连接到的切片器

5.4.4　删除切片器

如果不再需要某个切片器，可以使用以下两种方法将其删除：

- 选择要删除的切片器，然后按 Delete 键。
- 右击要删除的切片器，然后在弹出的菜单中选择"删除……"命令，省略号表示切片器
  顶部的标题名称，也即字段的名称，如图 5-58 所示。

图 5-58　使用鼠标快捷菜单中的命令删除切片器

第6章
计算数据透视表中的数据

Excel 对数据透视表的结构和计算方式有严格的限制，不允许用户在数据透视表中插入单元格、行和列，也不允许用户在数据透视表中的单元格内输入公式。为了增加数据透视表在数据计算方面的灵活性，Excel 提供了"值汇总依据"和"值显示方式"两个功能，它们用于改变数据的汇总方式和计算方式。如果这两个功能仍然无法满足用户对数据的计算需求，那么可以使用"计算字段"和"计算项"功能在数据透视表中添加新的计算。本章将介绍对数据透视表中的数据执行计算的几种方法。

6.1 设置数据的汇总方式

Excel 对数据透视表值区域中的数据提供了默认的汇总方式，对文本型数据进行求和，对数值型数据进行计数。用户可以根据实际需求，更改数据的汇总方式，比如平均值、最大值、最小值等。在数据透视表中默认只显示一种汇总方式，用户可以为数据添加多种汇总，以便同时显示不同方式的汇总结果。此外，对于包含多个行字段的数据透视表，用户可以设置外部行字段中每一项分类汇总的显示方式。

6.1.1 设置数据的汇总方式

通过为数据透视表中的数据设置"值汇总依据"，可以将默认的"求和"或"计数"改为其他汇总方式。如图 6-1 所示为统计每种商品的平均销量，此处将汇总方式从默认的"求和"改为"平均值"。

	A	B
1	销售日期	(全部) ▼
2		
3	商品名称 ▼	平均值项:销量
4	啤酒	58
5	果汁	50
6	牛奶	64
7	酸奶	48
8	面包	50
9	饼干	64
10	总计	56

图 6-1 将"求和"改为"平均值"

提示：在将表示金额的数值的汇总方式改为"平均值"时，得到的数值可能会包含多于两位的小数，可以通过设置数值的数字格式来限制小数的位数，具体方法请参考第 4 章关于"设置值区域数据的数字格式"的内容。

在数据透视表中右击值字段中的任意一项，在弹出的菜单中选择"值汇总依据"命令，然后在子菜单中选择所需的汇总方式（如"平均值"），如图 6-2 所示。

在选择"值汇总依据"命令弹出的子菜单中只显示了少数几种汇总方式，如果想要选择更多的汇总方式，可以在该子菜单中选择"其他选项"命令，打开"值字段设置"对话框，在"值汇总方式"选项卡的"选择用于汇总所选字段数据的计算类型"列表框中选择所需的汇总方式，如图 6-3 所示。

图 6-2　更改数据的汇总方式

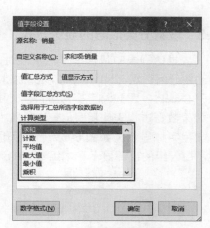

图 6-3　选择更多的汇总方式

提示：打开"值字段设置"对话框的另一种方法是，右击值字段中的任意一项，在弹出的菜单中选择"值字段设置"命令。

6.1.2　为数据添加多种汇总

在数据透视表中默认只显示一种数据汇总方式，数值型数据为求和，文本型数据为计数。如果要使用多种方式对数据汇总，那么需要将用作汇总的数据字段重复多次地添加到值区域中，然后设置每个值字段的汇总方式。

如图 6-4 所示显示了各种商品的销量总和、单日最高销量和单日最低销量，为此需要将"销量"字段向值区域添加 3 次，然后将每个"销量"字段的"值汇总方式"分别设置为"求和""最大值"和"最小值"，设置方法与 6.1.1 节相同。

	A	B	C	D
1	销售日期	(全部)		
2				
3	商品名称	求和项:销量	最大值项:销量2	最小值项:销量3
4	啤酒	989	97	10
5	果汁	947	88	17
6	牛奶	954	97	28
7	酸奶	532	80	11
8	面包	756	95	13
9	饼干	1466	100	13
10	总计	5644	100	10

图 6-4　为数据添加多种汇总

为了美观和易读,可以修改这些值字段的名称,比如分别改为"总销量""最高销量"和"最低销量",如图 6-5 所示。

	A	B	C	D
1	销售日期	(全部)		
2				
3	商品名称	总销量	最高销量	最低销量
4	啤酒	989	97	10
5	果汁	947	88	17
6	牛奶	954	97	28
7	酸奶	532	80	11
8	面包	756	95	13
9	饼干	1466	100	13
10	总计	5644	100	10

图 6-5　修改值字段的名称

6.1.3　设置分类汇总的显示方式

当数据透视表中包含多个行字段时,外部行字段中的每一项及其下属的内部行字段项都将被自动划分为一组,外部行字段项的数量决定了分组的数量。对每组数据的汇总称为"分类汇总",类似于 Excel 中"分类汇总"功能的效果。

如果数据透视表使用"压缩"布局或"大纲"布局,每组数据的汇总结果默认显示在组的顶部,并以加粗字体显示。如图 6-6 所示为不同商品在各个地区的销量,每个商品及其销售地区均为一组,每一组的顶部显示了本组数据的汇总结果,即每种商品在各个地区的销量总和。

	A	B
1	销售日期	(全部)
2		
3	行标签	求和项:销量
4	⊟啤酒	989
5	北京	175
6	河北	90
7	黑龙江	70
8	吉林	205
9	辽宁	95
10	山东	291
11	山西	10
12	天津	53
13	⊟果汁	947
14	北京	67
15	河北	82
16	黑龙江	116
17	吉林	46
18	江苏	182
19	辽宁	190
20	山东	127
21	上海	41
22	天津	96

	A	B	C
1	销售日期	(全部)	
2			
3	商品名称	销售地区	求和项:销量
4	⊟啤酒		989
5		北京	175
6		河北	90
7		黑龙江	70
8		吉林	205
9		辽宁	95
10		山东	291
11		山西	10
12		天津	53
13	⊟果汁		947
14		北京	67
15		河北	82
16		黑龙江	116
17		吉林	46
18		江苏	182
19		辽宁	190
20		山东	127
21		上海	41
22		天津	96

图 6-6　"压缩"布局(左)和"大纲"布局(右)的汇总结果显示在组的顶部

如果数据透视表使用"表格"布局,每组数据的汇总结果默认显示在组的底部,并以加粗字体显示,如图 6-7 所示。汇总标题由外部字段项的名称 +"汇总"组成,比如"啤酒汇总"。

用户可以控制分类汇总的显示方式。单击数据透视表中的任意一个单元格,然后在功能区的"数据透视表工具 | 设计"选项卡中单击"分类汇总"按钮,弹出如图 6-8 所示的菜单,从中选择分类汇总的显示方式,分类汇总的显示方式有以下几种。

- 不显示分类汇总:选择该项将隐藏每一组数据的汇总结果。
- 在组的底部显示所有分类汇总:选择该项将在每组数据的底部显示汇总结果,仅对"压缩"布局和"大纲"布局的数据透视表有效。
- 在组的顶部显示所有分类汇总:选择该项将在每组数据的顶部显示汇总结果,仅对"压缩"布局和"大纲"布局的数据透视表有效。

图 6-7　"表格"布局的汇总结果显示在组的底部

　　用户还可以右击外部行字段（如"商品名称"）中的任意一项，在弹出的菜单中选择或取消选择"分类汇总'商品名称'"命令，来显示或隐藏每组数据的汇总结果，如图 6-9 所示。

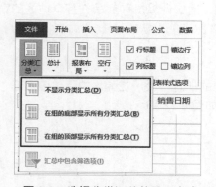

图 6-8　选择分类汇总的显示方式

图 6-9　使用快捷菜单命令设置分类汇总的显示方式

6.1.4　同时显示多种分类汇总

　　默认情况下，在数据透视表中只显示进行求和计算的分类汇总。实际上，用户可以为同一个字段添加多个分类汇总，从而显示不同的汇总统计结果。

　　（1）在数据透视表中右击要添加多个分类汇总的外部行字段中的任意一项，然后在弹出的菜单中选择"字段设置"命令。

　　（2）打开"字段设置"对话框，在"分类汇总和筛选"选项卡中选中"自定义"单选按钮，然后在下方的列表框中选择一个或多个汇总函数，然后单击"确定"按钮，如图 6-10 所示。

　　如图 6-11 所示是为"商品名称"字段添加的两个分类汇总，显示了每种商品在各个地区的销量总和，以及单日最大销量。

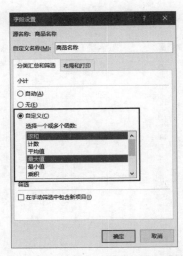

图 6-10　选择一个或多个汇总函数　　　　图 6-11　同时显示多个分类汇总

提示：选择多个汇总函数的方法是：先单击一个汇总函数，然后按住 Ctrl 键，再逐个单击其他汇总函数。如果选错了某个汇总函数，可以再次单击它以取消选中。

6.2　设置数据的计算方式

数据透视表值区域中数据的计算方式默认为"无计算"，此时 Excel 将根据数据的类型，对数据进行求和或计数。如果对数据有更多的计算需求，比如计算每种商品在各个地区的销售额占比，那么可以为值区域中的数据设置"值显示方式"来改变默认的计算方式。

6.2.1　设置值显示方式

在数据透视表中右击要改变计算方式的值字段中的任意一项，在弹出的菜单中选择"值显示方式"命令，然后在子菜单中选择一种计算方式，如图 6-12 所示。

图 6-12　为值区域数据选择计算方式

设置数据计算方式的另一种方法是，右击值字段中的任意一项，在弹出的菜单中选择"值字段设置"命令，打开"值字段设置"对话框，在"值显示方式"选项卡的"值显示方式"下拉列表中选择一种计算方式，如图 6-13 所示。

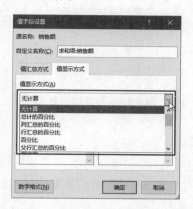

图 6-13 在"值显示方式"下拉列表中选择计算方式

表 6-1 列出了值显示方式包含的选项及其说明。

表 6-1 值显示方式包含的选项及其说明

值显示方式选项	说　　明
无计算	值字段中的数据按原始状态显示，不进行任何特殊计算
总计的百分比	值字段中的数据显示为每个数值占其所在行和所在列的总和的百分比
列汇总的百分比	值字段中的数据显示为每个数值占其所在列的总和的百分比
行汇总的百分比	值字段中的数据显示为每个数值占其所在行的总和的百分比
百分比	以选择的参照项作为 100%，其他项基于该项的百分比
父行汇总的百分比	数据透视表包含多个行字段时，以父行汇总为 100%，计算每个值的百分比
父列汇总的百分比	数据透视表包含多个列字段时，以父列汇总为 100%，计算每个值的百分比
父级汇总的百分比	某项数据占父级总和的百分比
差异	值字段与指定的基本字段和基本项之间的差值
差异百分比	值字段显示为与指定的基本字段之间的差值百分比
按某一字段汇总	基于选择的某个字段进行汇总
按某一字段汇总的百分比	值字段显示为指定的基本字段的汇总百分比
升序排列	值字段显示为按升序排列的序号
降序排列	值字段显示为按降序排列的序号
指数	使用以下公式进行计算：[(单元格的值)×(总体汇总之和)]/[(行汇总)×(列汇总)]

6.2.2 总计的百分比

"总计的百分比"是将数据透视表中所有数据的总和显示为 100%，计算每一个数据占总和的百分比。如图 6-14 所示为每种商品的销售额占所有商品总销售额的百分比。

	A	B
1	销售日期	(全部) ▼
2		
3	**商品名称** ▼	**求和项:销售额**
4	饼干	23.47%
5	果汁	21.66%
6	面包	19.37%
7	牛奶	10.91%
8	啤酒	15.83%
9	酸奶	8.76%
10	**总计**	**100.00%**

图 6-14　总计的百分比

6.2.3　行、列汇总的百分比

行汇总的百分比是将数据透视表中一行数据的总和显示为 100%，计算该行内的其他数据占该行总和的百分比。如图 6-15 所示为各个地区每种商品的销售额百分比。

	A	B	C	D	E	F	G	H
1	销售日期	(全部) ▼						
2								
3	求和项:销售额	商品名称 ▼						
4	销售地区 ▼	饼干	果汁	面包	牛奶	啤酒	酸奶	总计
5	北京	29.93%	11.02%	31.50%	7.40%	20.15%	0.00%	100.00%
6	河北	12.15%	32.36%	0.00%	24.66%	24.86%	5.97%	100.00%
7	黑龙江	9.56%	22.95%	38.78%	8.90%	9.69%	10.11%	100.00%
8	吉林	21.74%	8.82%	16.32%	14.57%	27.51%	11.04%	100.00%
9	江苏	8.14%	50.41%	8.38%	17.31%	0.00%	15.76%	100.00%
10	辽宁	15.24%	29.54%	22.64%	16.64%	10.34%	5.60%	100.00%
11	山东	22.73%	29.67%	0.00%	0.00%	47.59%	0.00%	100.00%
12	山西	78.48%	0.00%	0.00%	18.39%	3.14%	0.00%	100.00%
13	上海	38.26%	7.62%	36.85%	0.00%	0.00%	17.27%	100.00%
14	天津	15.89%	33.02%	0.00%	13.07%	12.76%	25.26%	100.00%
15	**总计**	**23.47%**	**21.66%**	**19.37%**	**10.91%**	**15.83%**	**8.76%**	**100.00%**

图 6-15　行汇总的百分比

列汇总的百分比是将数据透视表中一列数据的总和显示为 100%，计算该列内的其他数据占该列总和的百分比。如图 6-16 所示为每种商品在各个地区的销售额百分比。

	A	B	C	D	E	F	G	H
1	销售日期	(全部) ▼						
2								
3	求和项:销售额	商品名称 ▼						
4	销售地区 ▼	饼干	果汁	面包	牛奶	啤酒	酸奶	总计
5	北京	17.74%	7.07%	22.62%	9.43%	17.69%	0.00%	13.91%
6	河北	3.00%	8.66%	0.00%	13.10%	9.10%	3.95%	5.80%
7	黑龙江	4.71%	12.25%	23.15%	9.43%	7.08%	13.35%	11.56%
8	吉林	11.05%	4.86%	10.05%	15.93%	20.73%	15.04%	11.93%
9	江苏	2.86%	19.22%	3.57%	13.10%	0.00%	14.85%	8.26%
10	辽宁	9.55%	20.06%	17.20%	22.43%	9.61%	9.40%	14.71%
11	山东	9.48%	13.41%	0.00%	0.00%	29.42%	0.00%	9.79%
12	山西	17.05%	0.00%	0.00%	8.60%	1.01%	0.00%	5.10%
13	上海	20.05%	4.33%	23.41%	0.00%	0.00%	24.25%	12.30%
14	天津	4.50%	10.14%	0.00%	7.97%	5.36%	19.17%	6.65%
15	**总计**	**100.00%**	**100.00%**	**100.00%**	**100.00%**	**100.00%**	**100.00%**	**100.00%**

图 6-16　列汇总的百分比

6.2.4　父类汇总的百分比

只有在行字段或列字段的数量至少有两个时，才能使用"父类汇总的百分比"，该计算方式包括以下 3 种：

- 父行汇总的百分比：将外部行字段中的所有项的总和显示为 100%，计算外部行字段中的每一项占总和的百分比。
- 父列汇总的百分比：将外部列字段中的所有项的总和显示为 100%，计算外部列字段中的每一项占总和的百分比。

- 父级汇总的百分比：将外部行字段中的每一项显示为 100%，计算外部行字段项下属的内部字段中的每一项占外部行字段项的百分比。实际上，用户可以指定任意一个字段为按 100% 显示的父级字段，而并非必须是外部行字段。

如图 6-17 所示，"商品名称"是外部行字段，"销售地区"是内部行字段。图 6-17 中显示了每种商品的销售额占所有商品销售额总和的百分比。

	A	B	C
1	销售日期	(全部)	
2			
3	商品名称 ▼	销售地区 ▼	求和项:销售额
4	⊞饼干		23.47%
5	⊞果汁		21.66%
6	⊞面包		19.37%
7	⊞牛奶		10.91%
8	⊞啤酒		15.83%
9	⊞酸奶		8.76%
10	总计		100.00%

图 6-17　父行汇总的百分比

如图 6-18 所示为将值区域的计算方式设置为"父级汇总的百分比"的结果，此处将每种商品的销售额显示为 100%，计算同种商品在各个地区的销售额占该商品销售总额的百分比。

在将值区域数据的计算方式设置为"父级汇总的百分比"时，将打开如图 6-19 所示的对话框，在"基本字段"下拉列表中选择父级字段，然后单击"确定"按钮。

	A	B	C
1	销售日期	(全部)	
2			
3	商品名称 ▼	销售地区 ▼	求和项:销售额
4	⊟饼干	北京	17.74%
5		河北	3.00%
6		黑龙江	4.71%
7		吉林	11.05%
8		江苏	2.86%
9		辽宁	9.55%
10		山东	9.48%
11		山西	17.05%
12		上海	20.05%
13		天津	4.50%
14	饼干 汇总		100.00%
15	⊟果汁	北京	7.07%
16		河北	8.66%
17		黑龙江	12.25%
18		吉林	4.86%
19		江苏	19.22%
20		辽宁	20.06%
21		山东	13.41%
22		上海	4.33%
23		天津	10.14%
24	果汁 汇总		100.00%

图 6-18　父级汇总的百分比

图 6-19　选择基本字段

6.2.5　相对于某一基准数据的百分比

"相对于某一基准数据的百分比"是将某一行数据指定为参照基准，计算其他行数据占参照基准数据的百分比。如图 6-20 所示，以"北京"地区的销售额为参照基准（显示为 100%），计算其他地区的销售额占北京地区销售额的百分比。

要设置"相对于某一基准数据的百分比"计算方式，需要在"值显示方式"中选择"百分比"，将打开如图 6-21 所示的对话框，需要分别选择作为参照基准的字段及其中的某一项，然后单击"确定"按钮。

	A	B
1	销售日期	(全部)
2		
3	销售地区	求和项:销售额
4	北京	100.00%
5	河北	41.68%
6	黑龙江	83.13%
7	吉林	85.79%
8	江苏	59.38%
9	辽宁	105.77%
10	山东	70.39%
11	山西	36.68%
12	上海	88.47%
13	天津	47.82%
14	总计	

图 6-20　相对于某一基准数据的百分比

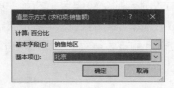

图 6-21　设置作为参照基准的字段及其中的某一项

6.2.6　差异和差异的百分比

"差异和差异百分比"是将某一行数据指定为参照基准,计算其他数据与该数据的差异或差异的百分比。如图 6-22 所示,以"北京"地区的销售额为参照基准,计算其他地区的销售额与北京地区销售额之间的差异,大于基准数据的差值以正数表示,小于基准数据的差值以负数表示。

设置"差异和差异百分比"的方法与 6.2.5 节类似,也需要分别设置作为参照基准的字段及其中的某一项。

	A	B
1	销售日期	(全部)
2		
3	销售地区	求和项:销售额
4	北京	
5	河北	¥-1,773
6	黑龙江	¥-513
7	吉林	¥-432
8	江苏	¥-1,235
9	辽宁	¥175
10	山东	¥-900
11	山西	¥-1,925
12	上海	¥-351
13	天津	¥-1,586
14	总计	

图 6-22　计算差异

6.2.7　按某一字段汇总和汇总的百分比

"按某一字段汇总和汇总的百分比"主要用于对随时间推移产生的数据进行累计求和,比如计算累计销售额。如图 6-23 所示为每个月的累计销售额,例如,B5 单元格中的销售额 3320 表示的是 1 月和 2 月的销售额之和。同理,B6 单元格中的销售额 5219 表示的是 1～3 月的销售额之和,其他单元格中销售额的计算方式以此类推。

	A	B
1	商品名称	(全部)
2		
3	销售日期	求和项:销售额
4	1月	¥1,319
5	2月	¥3,320
6	3月	¥5,219
7	4月	¥7,412
8	5月	¥7,766
9	6月	¥10,489
10	7月	¥12,532
11	8月	¥14,194
12	9月	¥16,265
13	10月	¥18,631
14	11月	¥20,650
15	12月	¥21,861
16	总计	

图 6-23　按某一字段汇总

6.2.8　指数

"指数"用于展示数据之间的相对重要性。如图 6-24 所示,将"销量"值字段的计算方式设置为"指数",数字越大表示重要程度越高,数字越小表示重要程度越低。

以第 8 行数据为例,该行的最大值为 F8 单元格中的 1.62,对应的商品为"啤酒",该行的最小值为 C8 单元格中的 0.38,对应的商品为"果汁"。由此可知,对于吉林而言,啤酒的重要性远远高于果汁。换言之,啤酒缺货对吉林的影响要比果汁缺货大得多。

	A	B	C	D	E	F	G	H
1	销售日期	(全部)						
2								
3	求和项:销量	商品名称						
4	销售地区	饼干	果汁	面包	牛奶	啤酒	酸奶	总计
5	北京	1.31	0.52	1.67	0.70	1.31	0.00	1.00
6	河北	0.47	1.35	0.00	2.04	1.42	0.62	1.00
7	黑龙江	0.45	1.17	2.21	0.90	0.68	1.27	1.00
8	吉林	0.87	0.38	0.79	1.25	1.62	1.18	1.00
9	江苏	0.36	2.38	0.44	1.63	0.00	1.84	1.00
10	辽宁	0.66	1.38	1.19	1.55	0.66	0.65	1.00
11	山东	0.96	1.36	0.00	0.00	2.98	0.00	1.00
12	山西	2.81	0.00	0.00	1.42	0.17	0.00	1.00
13	上海	1.77	0.38	2.06	0.00	0.00	2.14	1.00
14	天津	0.65	1.46	0.00	1.14	0.77	2.75	1.00
15	总计	1.00	1.00	1.00	1.00	1.00	1.00	1.00

图 6-24　指数

6.3　使用计算字段

计算字段是对数据透视表中现有字段进行自定义计算之后产生的新字段。计算字段显示在“数据透视表字段”窗格中，但是不会出现在数据源中，因此对数据源没有任何影响。数据透视表中原有字段的大多数操作都适用于计算字段，但是只能将计算字段添加到值区域。

6.3.1　创建计算字段

如图 6-25 所示为每种商品的销量和销售额，现在想要根据销量和销售额计算每种商品的单价，操作步骤如下：

（1）单击数据透视表中的任意一个单元格，在功能区的“数据透视表工具 | 分析”选项卡中单击“字段、项目和集”按钮，然后在弹出的菜单中选择“计算字段”命令，如图 6-26 所示。

	A	B	C
1	销售日期	(全部)	
2			
3	商品名称	求和项:销量	求和项:销售额
4	饼干	1466	¥5,131
5	果汁	947	¥4,735
6	面包	756	¥4,234
7	牛奶	954	¥2,385
8	啤酒	989	¥3,462
9	酸奶	532	¥1,915
10	总计	5644	¥21,861

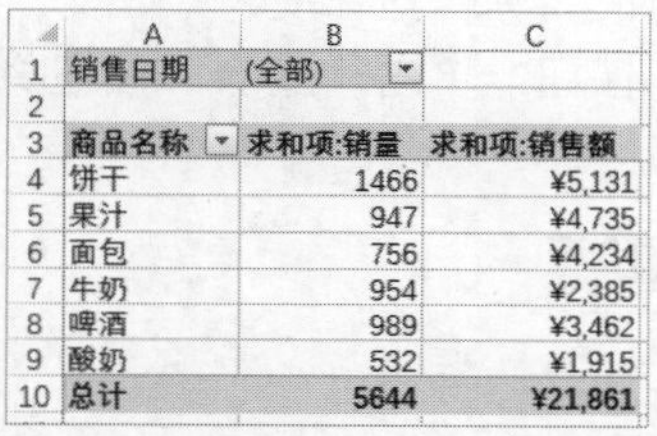

图 6-25　汇总销量和销售额

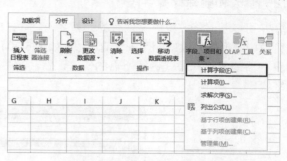

图 6-26　选择“计算字段”命令

（2）打开“插入计算字段”对话框，进行以下几项设置，如图 6-27 所示。

- 在“名称”文本框中输入计算字段的名称，比如“单价”。
- 删除“公式”文本框中的 0。
- 单击“公式”文本框内部，然后双击“字段”列表框中的“销售额”，将其添加到“公式”文本框中等号的右侧。然后输入 Excel 中的除号“/”，再双击“字段”列表框中的“销量”，将其添加到除号的右侧。

（3）单击“添加”按钮，将创建的计算字段添加到“字段”列表框，如图 6-28 所示。

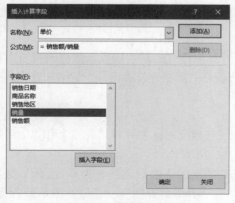

图 6-27　设置计算字段

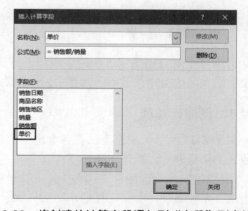

图 6-28　将创建的计算字段添加到“字段”列表框

注意：不能在计算字段的公式中使用单元格引用和定义的名称。

（4）单击"确定"按钮，将在数据透视表中添加"单价"字段，并显示在"数据透视表列表"窗格中，该字段用于计算每种商品的单价，如图 6-29 所示。

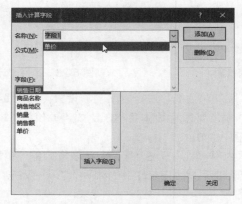

	A	B	C	D
1	销售日期	(全部)		
2				
3	商品名称	求和项:销量	求和项:销售额	求和项:单价
4	饼干	1466	¥5,131	3.5
5	果汁	947	¥4,735	5
6	面包	756	¥4,234	5.6
7	牛奶	954	¥2,385	2.5
8	啤酒	989	¥3,462	3.5
9	酸奶	532	¥1,915	3.6
10	总计	5644	¥21,861	3.87336995

图 6-29　创建计算字段

6.3.2　修改和删除计算字段

用户可以随时修改或删除现有的计算字段。首先打开"插入计算字段"对话框，在"名称"下拉列表中选择要修改或删除的计算字段，如图 6-30 所示。此时"添加"按钮变为"修改"按钮，对计算字段的名称和公式进行所需的修改，然后单击"修改"按钮。单击"删除"按钮将删除所选字段。

图 6-30　选择要修改或删除的计算字段

6.4　使用计算项

计算项是对数据透视表中的字段项进行自定义计算后产生的新字段项。数据透视表中原有字段项的大多数操作都适用于计算项。计算项不会出现在"数据透视表字段"窗格和数据源中。

6.4.1　创建计算项

如图 6-31 所示为所有商品在各个地区的销量，现在想要对比并计算"北京"和"上海"两个地区的销量差异，操作步骤如下：

（1）单击"销售地区"字段中的任意一项，在功能区的"数据透视表工具 | 分析"选项卡中单击"字段、项目和集"按钮，然后在弹出的菜单中选择"计算项"命令，如图 6-32 所示。

（2）打开"在'销售地区'中插入计算字段"对话框，进行以下几项设置，如图 6-33 所示。

● 在"名称"文本框中输入计算项的名称，比如"北京 - 上海销量差异"。

● 删除"公式"文本框中的 0。

- 单击“公式”文本框内部，在“字段”列表框中选择“销售地区”，然后在右侧的“项”列表框中双击“北京”，将其添加到“公式”文本框中等号的右侧。输入一个减号，然后使用相同的方法将“销售地区”中的“上海”添加到减号的右侧。

	A	B
1	销售日期	(全部)
2		
3	销售地区	求和项:销量
4	北京	763
5	河北	362
6	黑龙江	591
7	吉林	721
8	江苏	455
9	辽宁	819
10	山东	557
11	山西	342
12	上海	641
13	天津	393
14	总计	5644

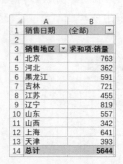

图 6-31　汇总各个地区的销量

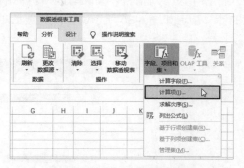

图 6-32　选择“计算项”命令

（3）单击“添加”按钮，将创建的计算项添加到“项”列表框，如图 6-34 所示。

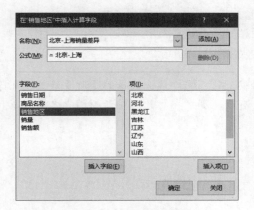

图 6-33　设置计算项

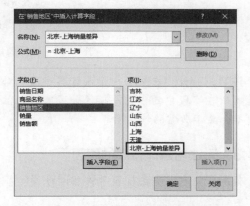

图 6-34　将创建的计算项添加到“项”列表框

提示：对话框的名称实际上应该是“在……中插入计算项”，这是 Excel 简体中文版中的一个问题。

（4）单击“确定”按钮，关闭“在‘销售地区’中插入计算字段”对话框。在数据透视表中添加“北京 - 上海销量差异”计算项，并自动计算出“北京”和“上海”的销量差异，如图 6-35 所示。

	A	B
1	销售日期	(全部)
2		
3	销售地区	求和项:销量
4	北京	763
5	河北	362
6	黑龙江	591
7	吉林	721
8	江苏	455
9	辽宁	819
10	山东	557
11	山西	342
12	上海	641
13	天津	393
14	北京-上海销量差异	122
15	总计	5766

图 6-35　创建计算两个地区销量差异的计算项

6.4.2 修改和删除计算项

与修改和删除计算字段的方法类似,用户也可以随时修改和删除现有的计算项。打开"在……中插入计算字段"对话框,省略号表示具体的字段名称。在"名称"下拉列表中选择要修改或删除的计算项,如图 6-36 所示,修改完成后单击"修改"按钮。单击"删除"按钮将删除所选计算项。

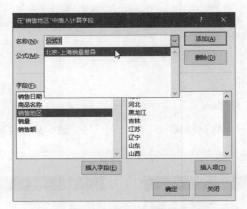

图 6-36 选择要修改或删除的计算项

注意:打开"在……中插入计算字段"对话框之前,需要确保选择的是所要修改或删除的计算项所在字段中的任意一项。如果选择的位置有误,那么在打开的对话框的"名称"下拉列表中不会显示所需的计算项。

6.4.3 无法创建计算项的原因

如果无法在数据透视表中添加计算项,可能有以下两个原因:
- 已经对字段项进行分组。
- 为字段设置了自定义汇总方式。

如图 6-37 所示为对已分组的字段项创建计算项时显示的提示信息,需要取消分组才能创建计算项。

图 6-37 对分组的字段项创建计算项时出现的错误提示

6.5 获取所有计算项和计算字段的详细信息

如果想要知道在数据透视表中创建了哪些计算字段和计算项,那么可以单击数据透视表中的任意一个单元格,在功能区的"数据透视表工具|分析"选项卡中单击"字段、项目和集"按钮,然后在弹出的菜单中选择"列出公式"命令,如图 6-38 所示。

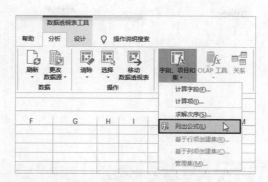

图 6-38　选择"列出公式"命令

Excel 将在一个新建的工作表中列出在当前数据透视表中创建的所有计算字段和计算项的相关信息，如图 6-39 所示。

	A	B	C	D	E	F	G
1	*计算字段*						
2	求解次序	字段	公式				
3	1	单价	=销售额/销量				
4							
5	*计算数据项*						
6	求解次序	数据项	公式				
7	1	'牛奶-酸奶销量差异'	=牛奶-酸奶				
8							
9							
10	*注释:*	当有多个公式可以导致单元格被更新时,					
11		单元格数值取决于最终的求解次序。					
12							
13		若要更改多个计算项或字段的求解次序,					
14		请在"选项"选项卡上的"计算"组中单击"字段"、"项目"和"设置"，然后单击"求解次序"。					

图 6-39　列出在当前数据透视表中创建的计算字段和计算项的相关信息

第 7 章
使用图表展示数据透视表中的数据

虽然数据透视表可以快速汇总数据，并可灵活切换分析视角，但是以数字形式呈现的数据并不直观。图表是清晰解读数据含义的有力工具，"数据透视图"将数据以图形化的方式呈现出来，使用数据透视图中的控件可以控制数据的显示方式，还可以改变数据透视图各个部分的外观格式。本章将介绍创建、设置和使用数据透视图的方法。

7.1　了解数据透视图

开始创建数据透视图之前，应该先对数据透视图有一个基本的了解，为以后更好地创建和使用数据透视图打下基础。

7.1.1　数据透视图与普通图表的区别

数据透视图的很多特性都与普通图表相同，但是它们也存在一些区别：

- 数据源类型：普通图表的数据源是工作表中的单元格区域，数据透视图的数据源有多种类型，除了使用工作表中的单元格区域之外，还可以使用外部数据，如文本文件、Access 数据库或 SQL Server 数据库。
- 图表类型：数据透视图不支持 XY 散点图、气泡图和股价图。
- 交互性：普通图表默认不具备任何交互性，除非用户在图表中添加控件并设置属性。数据透视图具有良好的交互性，不但可以随时通过调整字段的位置来获得新的图表布局，还可以使用数据透视图中的控件直接筛选数据。
- 格式设置的稳定性：为普通图表设置格式之后，只要不更改或删除这些格式，它们就不会发生变化。为数据透视图设置格式之后，当刷新数据时，数据透视图中的数据标签、趋势线、误差线以及对数据系列的一些更改可能会丢失。此外，无法调整数据透视图中的图表标题、坐标轴标题和数据标签的大小。

7.1.2　数据透视图与数据透视表的关系

如果创建了一个数据透视表并完成字段布局，然后基于该数据透视表创建了一个数据透视图，那么数据透视图的默认布局与数据透视表相同。如图 7-1 所示为数据透视图与数据透视表各个元素之间的对应关系：

- 数据透视图左上角的控件对应于数据透视表中的报表筛选字段，如图 7-1 中的编号①。
- 数据透视图中的水平坐标轴对应于数据透视表中的行字段，如图 7-1 中的编号②。
- 数据透视图中的数据系列的类别对应于数据透视表中的列字段，如图 7-1 中的编号③。
- 数据透视图中的数据系列的大小对应于数据透视表中的值字段，如图 7-1 中的编号④。

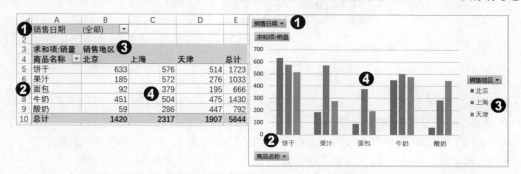

图 7-1　数据透视图与数据透视表各个部分之间的对应关系

数据透视图与数据透视表共用“数据透视表字段”窗格，Excel 将根据用户当前选中的对象，自动改变窗格中的标题。当选中数据透视图时，“数据透视表字段”窗格中原来的“行”和“列”将自动改为“轴（类别）”和“图例（系列）”，如图 7-2 所示，其他部分没有变化。

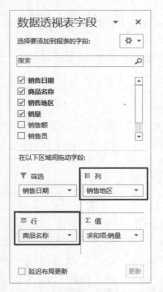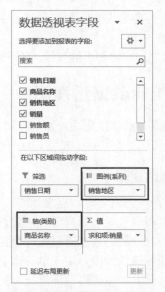

图 7-2　根据当前选中的对象自动改变窗格中的部分标题

数据透视表和数据透视图之间的数据相互关联，对其中任意一个对象进行的操作将自动反映到另一个对象上。

7.1.3　数据透视图的结构

数据透视图的组成结构与普通图表类似，如图 7-3 所示的数据透视图包含以下元素。

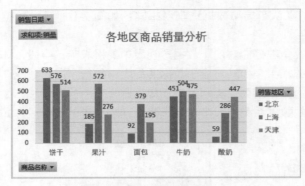

图 7-3　数据透视图的结构

- 图表区：图表区为图表中最大的白色区域，图表区用作其他图表元素的容器。选择图表区等同于选择整个图表。
- 绘图区：绘图区为图表中的大面积灰色部分，数据系列和数据标签位于绘图区中。
- 图表标题：图表标题为图表顶部的文字，用于描述图表的功能或作用。
- 图例：图例为图表右侧带有色块的文字，用于标识不同的数据系列。
- 数据系列：数据系列为绘图区中不同颜色的矩形，矩形的高矮表示数值的大小。
- 数据标签：以数字的形式显示数据系列的值。
- 横坐标轴：绘图区下方横向排列的文字，用于显示数据的分类信息。横坐标轴也可称为水平坐标轴。
- 纵坐标轴：绘图区左侧纵向排列的数字，用于标识数据系列的高度。纵坐标轴也可称为垂直坐标轴。
- 网格线：横向贯穿绘图区的直线，在不显示数据标签的情况下，有助于估算数据系列的值。

7.2　创建和编辑数据透视图

本节将介绍创建与编辑数据透视图的方法，包括创建数据透视图、移动和删除数据透视图、更改数据透视图的图表类型和行列位置、断开数据透视图与数据透视表的链接等内容。

7.2.1　创建数据透视图

可以使用以下两种方法创建数据透视图：
- 基于数据透视表创建：如果已经创建好数据透视表，那么可以基于该数据透视表创建数据透视图，创建后的数据透视图与数据透视表具有相同的字段布局结构。
- 基于数据源创建：如果当前未创建数据透视表，那么可以直接基于数据源创建数据透视图，创建后需要对数据透视图进行字段布局。实际上使用这种方法在创建数据透视图的同时也会创建数据透视表。

1．基于数据透视表创建数据透视图

如果已经创建好了一个数据透视表，那么可以基于该数据透视表来创建数据透视图，操作步骤如下：

（1）单击已创建好的数据透视表中的任意一个单元格，然后在功能区的"数据透视表工具 | 分析"选项卡中单击"数据透视图"按钮，如图 7-4 所示。

图 7-4　单击"数据透视图"按钮

（2）打开"插入图表"对话框，如图 7-5 所示，在左侧选择一个图表类型，然后在右侧选择一个图表子类型，比如"簇状柱形图"，然后单击"确定"按钮，将在数据透视表所在的工作表中创建一个数据透视图，如图 7-6 所示。

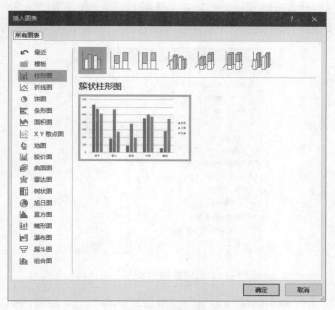

图 7-5　选择图表类型

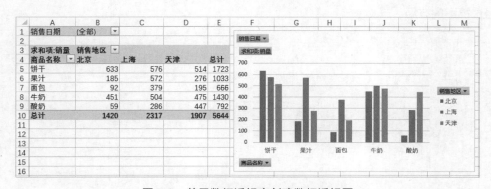

图 7-6　基于数据透视表创建数据透视图

2．基于数据源创建数据透视图

用户可以使用数据源直接创建数据透视图，而非必须经由数据透视表来创建数据透视图，操作步骤如下：

（1）单击数据源中的任意一个单元格，然后在功能区的"插入"选项卡中单击"数据透视图"按钮，如图 7-7 所示。

图 7-7 单击"数据透视图"按钮

（2）打开"创建数据透视图"对话框，该对话框与"创建数据透视表"对话框类似，在"表 / 区域"文本框中已经自动填入活动单元格所在的连续数据区域，如图 7-8 所示。如果确认无误，可以单击"确定"按钮。

图 7-8 "创建数据透视图"对话框

将在用户指定的工作表中创建一个空白的数据透视表和一个空白的数据透视图，如图 7-9 所示。在"数据透视表字段"窗格中将字段添加到所需的列表框中，即可同时完成数据透视表和数据透视图的布局。

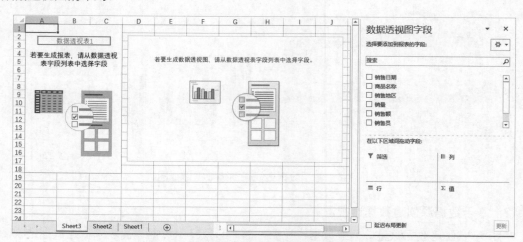

图 7-9 基于数据源创建数据透视图的初始状态

7.2.2 更改数据透视图的图表类型

无论在创建数据透视图时选择的是哪种图表类型，用户都可以在创建数据透视图之后更改图表类型，操作步骤如下：

（1）右击数据透视图的图表区或绘图区，在弹出的菜单中选择"更改图表类型"命令，如图 7-10 所示。

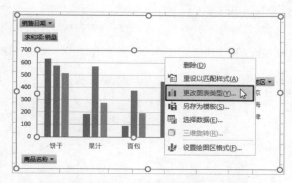

图 7-10 选择"更改图表类型"命令

（2）打开"更改图表类型"对话框，如图 7-11 所示，选择一种新的图表类型，然后单击"确定"按钮，即可将数据透视图更改为新选择的图表类型。如图 7-12 所示将簇状柱形图改为了簇状条形图。

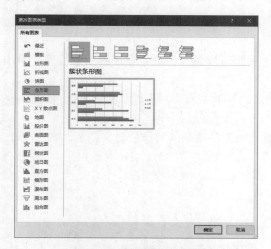

图 7-11 选择新的图表类型

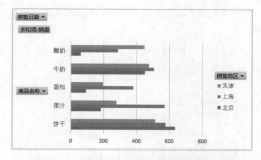

图 7-12 将簇状柱形图改为簇状条形图

7.2.3 更改数据透视图的行、列位置

用户可以对调数据透视图中行、列数据的位置，即图表中的系列与类别位置的对调，有以下两种方法：

- 选择数据透视图，在功能区的"数据透视图工具|设计"选项卡中单击"切换行/列"按钮，如图 7-13 所示。
- 右击数据透视图，在弹出的菜单中选择"选择数据"命令，然后在打开的"选择数据源"对话框中单击"切换行/列"按钮，如图 7-14 所示。

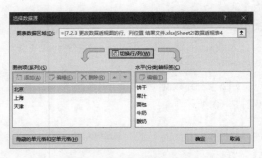

图 7-13　单击"切换行 / 列"按钮　　　　　图 7-14　单击"切换行 / 列"按钮

如图 7-15 所示为切换行、列位置之前和之后的数据透视图。

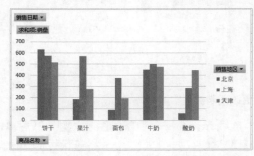

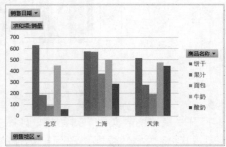

图 7-15　切换行、列位置之前（左）和之后（右）的数据透视图

7.2.4　移动和删除数据透视图

无论将数据透视图创建到哪个工作表，创建之后都可以随时移动数据透视图的位置，操作步骤如下：

（1）右击要移动的数据透视图的图表区，在弹出的菜单中选择"移动图表"命令，如图 7-16所示。

（2）打开"移动图表"对话框，选择要将数据透视图移动到的目标位置，如图 7-17 所示，然后单击"确定"按钮。

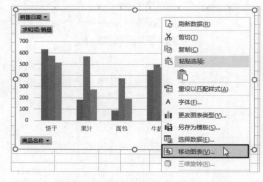

图 7-16　选择"移动图表"命令　　　　　图 7-17　选择要移动到的目标位置

提示：在 Excel 中还有一种称为"图表工作表"的工作表，这种工作表只能存储图表，不能存储单元格区域中的数据。有两种方法可以将数据透视图创建到图表工作表，一种方法是在"移

动图表"对话框中选中"新工作表"单选按钮，另一种方法是单击数据透视表中的任意一个单元格，然后按 F11 键。

有两种方法可以删除数据透视图：
- 选择数据透视图，然后按 Delete 键。
- 右击数据透视图的图表区，在弹出的菜单中选择"剪切"命令，但是不执行粘贴操作。

7.2.5　断开数据透视图与数据透视表的链接

基于数据透视表创建的数据透视图，默认与该数据透视表中的数据链接在一起，对其中任意一个进行修改，另一个会自动反映修改的结果。为了创建不再与数据透视表同步的静态数据透视图，需要断开数据透视图与数据透视表之间的链接关系。只需选择与数据透视图关联的整个数据透视表，然后按 Delete 键将其删除即可。

选择整个数据透视表的方法请参考第 3 章。

7.3　设置数据透视图各个元素的格式

7.1.3 节介绍了数据透视图的组成结构，用户可以单独设置组成数据透视图的各个元素的格式，从而改变数据透视图的外观。本节将介绍设置数据透视图的绘图区、图表标题、数据系列、数据标签、图例和坐标轴等元素的方法。

7.3.1　设置数据透视图的绘图区

绘图区位于数据系列的后面，可用作数据系列的背景。当鼠标指针指向数据系列之间的空白部分时，将显示"绘图区"的提示信息，如图 7-18 所示，此时单击将选中绘图区。选中的绘图区的四周将显示 8 个控制点，如图 7-19 所示，拖动这些控制点可以调整绘图区的大小。

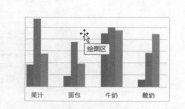
图 7-18　单击绘图区以将其选中

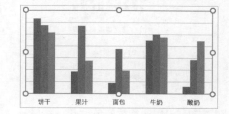
图 7-19　选中的绘图区四周有 8 个控制点

选中绘图区之后，可以在功能区的"数据透视图 | 格式"选项卡的"形状样式"组中为绘图区设置边框和填充效果，如图 7-20 所示。

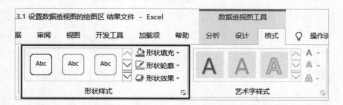
图 7-20　使用"形状样式"组中的选项设置绘图区的格式

如图 7-21 所示为绘图区设置了深红色的边框，粗细为 3 磅。

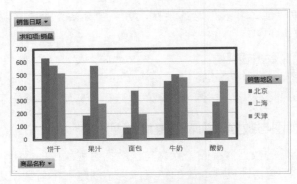

图 7-21　为绘图区设置边框效果

实现此设置效果需要执行以下两个操作：

- 单击"形状样式"组中的"形状轮廓"按钮，在弹出的菜单中选择"深红"，如图 7-22 所示。
- 单击"形状样式"组中的"形状轮廓"按钮，在弹出的菜单中选择"粗细"，然后在子菜单中选择"3 磅"，如图 7-23 所示。

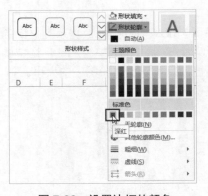

图 7-22　设置边框的颜色

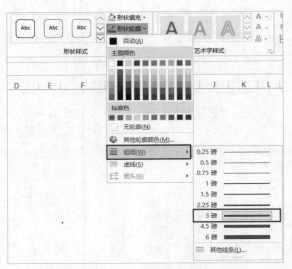

图 7-23　设置边框的粗细

7.3.2　设置数据透视图的标题

为了使图表的含义清晰明确，有必要为数据透视图添加标题。选择数据透视图，在功能区的"数据透视图工具 | 设计"选项卡中单击"添加图表元素"按钮，在弹出的菜单中选择"图表标题"，然后在子菜单中选择图表标题的位置，如图 7-24 所示。

通常选择"图表上方"选项，让标题位于图表顶部，并且不会覆盖图表中的其他元素。如图 7-25 所示为选择"图表上方"选项后的数据透视图，Excel 自动在绘图区的上方插入一个文本框，其中包含"图表标题"默认文字。

右击图表标题的文本框，在弹出的菜单中选择"编辑文字"命令，如图 7-26 所示。进入文字编辑状态，此时文本框的边框显示为虚线，删除默认文字并输入所需的内容，如图 7-27 所示。然后单击文本框以外的区域，确认输入的内容。

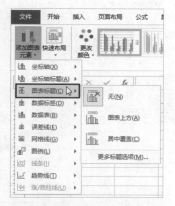

图 7-24　选择放置标题的位置

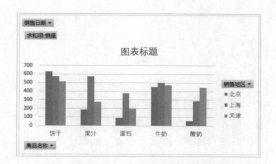

图 7-25　插入默认标题的数据透视图

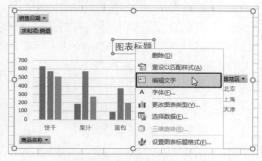

图 7-26　选择"编辑文字"命令

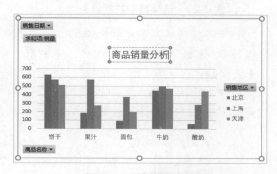

图 7-27　编辑图表标题

添加图表标题之后，用户可以为其设置字体格式。单击图表标题以将其选中，然后在功能区的"开始"选项卡中设置所需的字体格式，如图 7-28 所示。

图 7-28　使用"字体"组中的命令为图表标题设置字体格式

可以使用鼠标拖动图表标题，将其移动到图表中的任意位置。按住 Shift 键拖动图表标题，将保持在同一水平或垂直的方向上移动。

7.3.3　设置数据透视图的数据系列

数据透视图中的数据系列是数据透视表值区域中数据的图形化表示，以图形的长短或大小来表示数值的大小。在数据透视图中单击任意一个数据系列的图形，将自动选中同系列中的所有图形，选中图形的边缘将通过小圆圈来标示选中状态。如图 7-29 所示选中的数据系列为北京地区各种商品的销量。

除了使用类似 7.3.1 节中的方法为数据系列设置边框和填充效果之外，Excel 还为数据系列提供了一些特有的选项。右击任意一个数据系列，在弹出的菜单中选择"设置数据系列格式"命令，如图 7-30 所示。

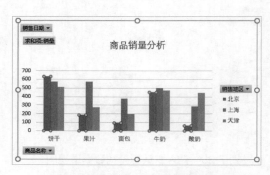

图 7-29　选择特定的数据系列

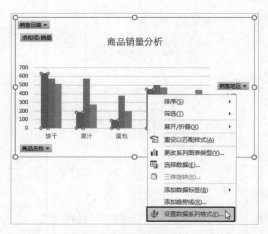

图 7-30　选择"设置数据系列格式"命令

　　打开"设置数据系列格式"窗格，如图 7-31 所示。上方的 3 个选项卡从左到右依次为"填充与线条""效果"和"系列选项"，它们用于对数据系列进行 3 类设置。前两个选项卡中的选项对于大多数图表元素都是通用的，第 3 个选项卡中的选项专门用于数据系列。

　　如图 7-32 所示为在"系列选项"选项卡中将"系列重叠"设置为"-20%"之后的效果，各个数据系列图形之间拉开了距离。

图 7-31　"设置数据系列格式"窗格

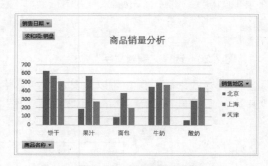

图 7-32　设置系列重叠

　　提示：可以在不关闭窗格的情况下设置不同图表元素的格式，只需打开窗格顶部的下拉列表，在弹出的菜单中选择一种图表元素，窗格中的选项将自动切换为与所选元素对应的选项，如图 7-33 所示。另一种更直观的方法是在数据透视图选中一个图表元素，窗格中的选项也会自动改变。

　　7.2.2 节介绍的更改图表类型的方法作用于整个数据透视图。实际上，用户可以单独更改特定数据系列的图表类型，从而在一个数据透视图中呈现不同类型的图表。

　　在数据透视图中右击要更改图表类型的数据系列，然后在弹出的菜单中选择"更改系列图表类型"命令，如图 7-34 所示。打开"更改图表类型"对话框，在下方的列表框中列出了当前数据透视图中包含的每一个数据系列的名称及其图表类型，如图 7-35 所示。

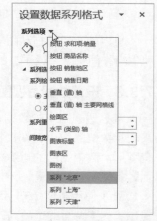

图 7-33　在窗格中切换不同图表元素的设置界面

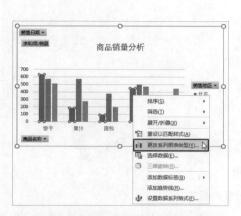
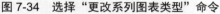

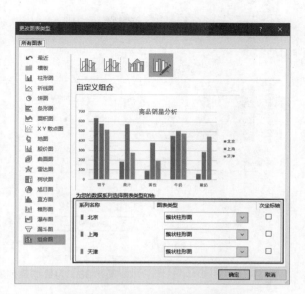

图 7-34　选择"更改系列图表类型"命令　　　　图 7-35　更改数据系列的图表类型

　　打开要修改的数据系列下拉列表，如图 7-36 所示，从中选择一种图表类型，然后单击"确定"按钮。如图 7-37 所示，在数据透视图中同时包含柱形图和折线图，其中将"北京"数据系列的图表类型设置为"折线图"，而其他两个数据系列的图表类型设置为"柱形图"。

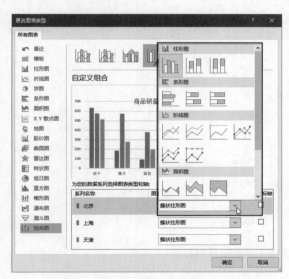

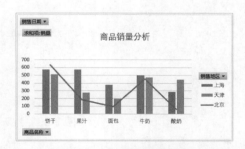

图 7-36　为特定的数据系列选择图表类型　　　　图 7-37　在数据透视图中包含柱形图和折线图

7.3.4　设置数据透视图的数据标签

　　用户可以通过数据系列的图形长短、高低、大小来快速比较数值的差异。如果用户想要了解数据的具体值，一种方法是通过数据系列与网格线的位置关系来大致估算，另一种方法是为数据系列添加数据标签，以便将相应的值显示到数据系列上。

　　右击要显示精确值的数据系列，在弹出的菜单中选择"添加数据标签"命令，然后在子菜单中选择"添加数据标签"命令，将在数据系列上显示对应的值，如图 7-38 所示。

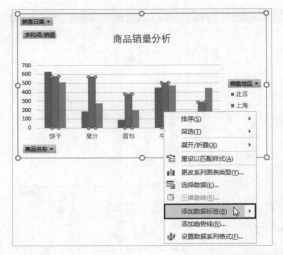
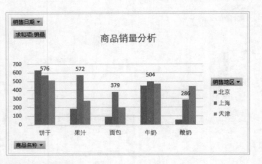

图 7-38　为数据系列添加数据标签

上面介绍的方法只能作用于特定的数据系列。如果要为数据透视图中的所有数据系列添加数据标签，需要在功能区的"数据透视图工具 | 设计"选项卡中单击"添加图表元素"按钮，在弹出的菜单中选择"数据标签"命令，然后在子菜单中选择数据标签的位置，如图 7-39 所示。

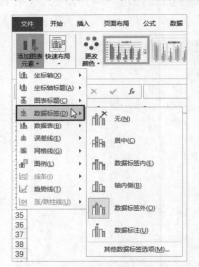

图 7-39　为所有数据系列添加数据标签

7.3.5　设置数据透视图的图例

图例由颜色和名称两部分组成，每个图例的颜色与一组特定的数据系列相对应，通过图例可以很容易了解数据系列所代表的数据。图例默认显示在数据透视图的右侧，用户可以根据需要改变图例的位置。

选择数据透视图，在功能区的"数据透视图工具 | 设计"选项卡中单击"添加图表元素"按钮，在弹出的菜单中选择"图例"命令，然后在子菜单中选择图例的位置，如图 7-40 所示。将图例移动到绘图区的左侧，如图 7-41 所示。

图 7-40　选择图例的显示方式

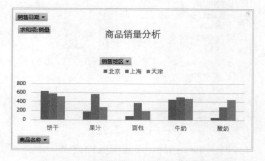

图 7-41　将图例移动到绘图区的左侧

7.3.6　设置数据透视图的坐标轴

在默认创建的数据透视图中同时显示横坐标轴和纵坐标轴，用户可以控制坐标轴的显示状态，只显示两个坐标轴之一或全都不显示。只需选择数据透视图，在功能区的"数据透视图工具 | 设计"选项卡中单击"添加图表元素"按钮，在弹出的菜单中选择"坐标轴"命令，然后在子菜单中选择要显示的坐标轴，如图 7-42 所示。

如图 7-43 所示在数据透视图中只显示横坐标轴，而将纵坐标轴隐藏起来。

图 7-42　选择要显示的坐标轴

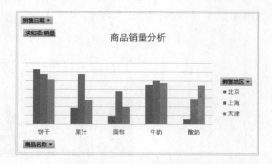

图 7-43　只显示横坐标轴

纵坐标轴的刻度范围取决于数据系列中的最大值和最小值，用户可以自定义设置纵坐标轴的刻度值，操作步骤如下：

（1）右击数据透视图中的纵坐标轴，在弹出的菜单中选择"设置坐标轴格式"命令，如图 7-44 所示。

（2）打开"设置坐标轴格式"窗格，在"坐标轴选项"选项卡中设置坐标轴的刻度，如图 7-45 所示。

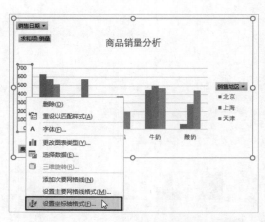

图 7-44　选择"设置坐标轴格式"命令

图 7-45　设置坐标轴的刻度

除了设置坐标轴的刻度值之外，在"设置坐标轴格式"窗格的"坐标轴选项"选项卡中还可以设置坐标轴的刻度线、标签、刻度的数字格式等。

7.4　在数据透视图中查看数据

在数据透视图中查看数据非常方便，用户可以使用数据透视图中的控件来筛选数据的显示，也可以在"数据透视表字段"窗格中通过改变字段布局来调整数据透视图的显示方式。此外，还可以将数据透视图以图片的形式插入到其他程序中。

7.4.1　筛选数据透视图中的数据

用户可以使用数据透视图中的控件来筛选在数据透视图中显示哪些数据。如图 7-46 所示的数据透视图中显示了 5 种商品的销量情况。

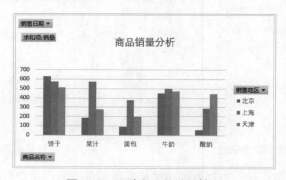

图 7-46　5 种商品的销量情况

如果只想重点关注"面包"和"牛奶"两种商品的销量，可以在数据透视图中单击"商品名称"按钮，在打开的列表中只选中"面包"和"牛奶"两个复选框，如图 7-47 所示。

单击"确定"按钮，在数据透视图中将只显示"面包"和"牛奶"两种商品的销量，如图 7-48 所示。

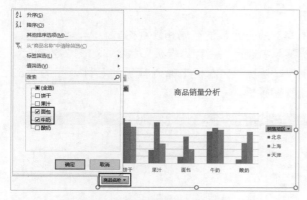

图 7-47　选择要显示的字段项

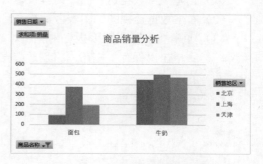

图 7-48　筛选后的数据透视图

7.4.2　以图片的形式查看数据透视图

如果要将数据透视图的最终结果发给其他人看或在其他程序中使用，那么可以将数据透视图转换为图片，操作步骤如下：

（1）右击数据透视图的图表区，在弹出的菜单中选择"复制"命令，如图 7-49 所示。

（2）在工作表中右击数据透视图和数据透视表以外的任意位置，然后在弹出的菜单中选择"粘贴选项"中的"图片"命令，如图 7-50 所示，将数据透视图以图片的形式粘贴。

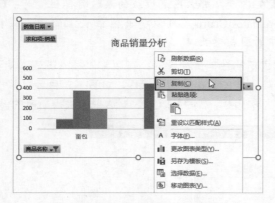

图 7-49　选择"复制"命令

图 7-50　将粘贴方式设置为图片

粘贴后的数据透视图副本将变为图片，如图 7-51 所示，用户不能对图片中的图形和数据进行任何编辑，但是可以调整图片的大小和位置。

7.5　创建和使用数据透视图模板

在创建数据透视图所打开的"插入图表"对话框中，用户可以通过选择 Excel 内置的图表模板，来快速创建具有类似外观的数据透视图。实际上用户也可以将自己制作好的数据透视图保存为模板，以后在创建数据透视图时就可以选择自己创建的模

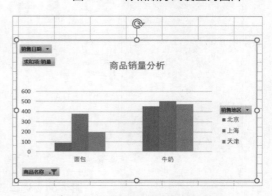

图 7-51　将数据透视图转换为图片

125

板了。创建数据透视图模板的操作步骤如下：

（1）创建一个数据透视图，为其设置好所需的所有元素的布局和外观格式。

（2）右击数据透视图的图表区，在弹出的菜单中选择"另存为模板"命令，如图 7-52 所示。

（3）打开"保存图表模板"对话框，在"文件名"文本框中输入模板的名称，如图 7-53 所示，然后单击"保存"按钮，将创建数据透视图模板。

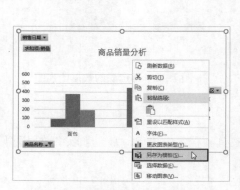

图 7-52　选择"另存为模板"命令

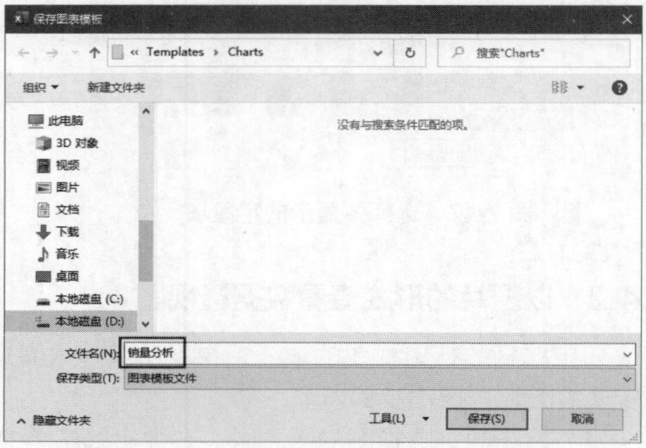

图 7-53　保存图表模板

提示：如果 Windows 操作系统安装在 C 盘，那么图表模板的默认存储位置为：C:\Users\<用户名 >\AppData\Roaming\Microsoft\Templates\Charts。可以将其他位置上的图表模板复制到 Charts 文件夹中，也可以删除该文件夹中的图表模板。

创建好数据透视图模板之后，再创建新的数据透视图时，可以在"插入图表"对话框的左侧列表中选择"模板"，然后在右侧选择要创建的数据透视图模板，如图 7-54 所示。单击"确定"按钮，将基于所选择的图表模板创建数据透视图，然后可以对数据透视图进行所需的调整。

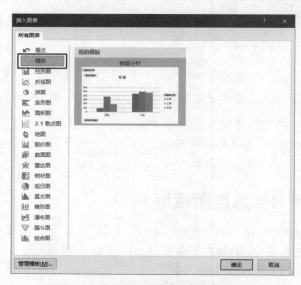

图 7-54　选择要使用的数据透视图模板

第8章
创建数据模型和超级数据透视表

本章将介绍使用 Power Pivot 创建数据模型和数据透视表的方法。与普通数据透视表不同的是，Power Pivot 可以在多个表之间建立某种关系，使这些表中的数据彼此之间相互关联，这样创建出来的数据透视表可以同时从这些相关的表中获取数据，然而实际上这些数据并非真的位于同一个表中。Power Pivot 的内容可以单独用一本书的篇幅来介绍，但由于本书篇幅所限，本章仅介绍 Power Pivot 的基本概念和基本用法，对 Power Pivot 有兴趣的读者，可以在本章的基础上对 Power Pivot 进行更多的探索和学习。

8.1 Power Pivot 简介

本节将介绍 Power Pivot 和数据模型的基本概念。由于使用 Power Pivot 创建数据透视表有其自己专门的操作环境，因此还将介绍在 Excel 功能区中添加 Power Pivot 选项卡的方法，通过该选项卡中的命令可以启动 Power Pivot 操作界面。

8.1.1 什么是 Power Pivot

Power Pivot 是微软公司为增强 Excel 数据分析能力所开发的一个辅助程序（称为"加载项"），最初需要用户单独下载和安装之后才能使用，如今已经完全集成到 Excel 中，只需启用该加载项即可使用 Power Pivot。

借助 Power Pivot，用户可以在没有专业分析技术人员的帮助下对复杂数据进行多角度的分析。Power Pivot 主要提供了以下几种功能：

- 将不同来源的数据整合到一起。
- 检测和创建多个表之间的关系，让这些表中的数据在逻辑上互联。
- 为浏览和分析数据提供了多种方式。

在 Power Pivot 中可以为数据创建计算列、度量值，以增强数据的计算能力。创建新的计算需要使用 DAX 语言来编写公式。DAX 语言提供了大量的函数，很多函数的功能和用法与 Excel 函数非常相似。Power Pivot 中的计算是以表和列为参照的，而非 Excel 中的单元格，这是 Power Pivot 和 Excel 在数据计算方面的最大区别。

使用 Power Pivot 创建的数据透视表之所以比以往创建的普通数据透视表更强大，主要原因在于使用 Power Pivot 可以整合多个相关表中的数据，并构建由这些表组成的数据模型，基于此模型创建的数据透视表中的数据就像存储在一张表中，为用户整合与分析大量数据提供了更好的体验。

除了集成在 Excel 中的 Power Pivot 之外，还可以在一个称之为 Power BI 的工具中使用 Power Pivot。Power BI 是微软公司开发的一套用于商业数据分析的智能工具，使用 Power BI 可以连接不同类型的数据，将获取到的数据整理和转换为符合要求的格式，然后在此基础之上创建可视化的报表，并在 Web 和移动设备中使用。Power BI 已超出本书范围，此处就不多做介绍了。

8.1.2 了解数据模型

可能在很多场合看到过"数据模型"一词。所谓数据模型，简单来说是指数据之间具有特定关联的一系列的表集合。8.1.1 节曾介绍过，与在 Excel 中创建的数据透视表相比，Power Pivot 的强大之处在于可以整合多个表并为它们创建关系，这样就为这些表建立了逻辑关联，让它们成为一个整体，在对一个表中的数据执行操作时，其他相关表中的数据也会随之做出反应。

下面通过一个示例来说明数据模型在简化复杂数据、减少数据冗余方面所具有的优点。如图 8-1 所示为一个包含订单记录的表，每行记录都包含订单编号、商品名称、商品编号、订购数量、单价 5 类信息。B 列出现很多重复的商品名称，与商品对应的单价也会在 E 列重复相同的次数。

	A	B	C	D	E
1	订单编号	商品名称	商品编号	订购数量	单价
2	DD001	酸奶	SP004	6	2
3	DD002	牛奶	SP003	3	2.5
4	DD002	饼干	SP002	5	3
5	DD003	果汁	SP005	3	5
6	DD003	啤酒	SP006	6	3.5
7	DD003	酸奶	SP004	1	2
8	DD004	面包	SP001	1	6
9	DD004	果汁	SP005	3	5
10	DD004	啤酒	SP006	6	3.5
11	DD004	面包	SP001	6	6
12	DD005	面包	SP001	4	6
13	DD005	啤酒	SP006	6	3.5
14	DD005	牛奶	SP003	4	2.5
15	DD005	牛奶	SP003	1	2.5
16	DD005	酸奶	SP004	3	2
17	DD006	饼干	SP002	6	3
18	DD006	面包	SP001	4	6
19	DD006	果汁	SP005	1	5
20	DD006	啤酒	SP006	5	3.5
21	DD006	果汁	SP005	3	5
22	DD006	酸奶	SP004	1	2

图 8-1 将所有信息存储在一起的表

为了简化数据的复杂度，这个表只有 5 列。但是在实际业务场景中，一个表可能包含十几列甚至几十列数据，其中有很多列中的数据可能都像"单价"列一样，出现大量重复的数据，存储这样的表将占用大量的磁盘空间，而且还会严重影响程序在处理数据时的性能。

将一个大表按照不同的主题拆分为多个小表，是解决这类问题的一种有效的方法。拆分为多个小表之后的关键是在这些表之间建立关系，以便让这些表中的数据仍然作为一个整体存在，而不是变成互不相干的多个孤立表。

如图 8-2 所示将前面示例中的表拆分为"商品信息"和"订单记录"两个表。从"订单记录"表中删除了"单价"列，"商品信息"表中包含"商品编号""商品名称""产地"和"单价" 4 列，同一种商品的单价在"商品信息"表中只出现一次，这样可以避免在拆分前的表中同一种商品的单价重复出现多次的情况。

	A	B	C	D
1	订单编号	商品名称	商品编号	订购数量
2	DD001	酸奶	SP004	6
3	DD002	牛奶	SP003	3
4	DD002	饼干	SP002	5
5	DD003	果汁	SP005	3
6	DD003	啤酒	SP006	6
7	DD003	酸奶	SP004	1
8	DD004	面包	SP001	1
9	DD004	果汁	SP005	3
10	DD004	啤酒	SP006	6
11	DD004	面包	SP001	6
12	DD005	面包	SP001	4
13	DD005	啤酒	SP006	6
14	DD005	牛奶	SP003	4
15	DD005	牛奶	SP003	1
16	DD005	酸奶	SP004	3
17	DD006	饼干	SP002	6
18	DD006	面包	SP001	4
19	DD006	果汁	SP005	1
20	DD006	啤酒	SP006	5
21	DD006	果汁	SP005	3
22	DD006	酸奶	SP004	1

	A	B	C	D
1	商品编号	商品名称	产地	单价
2	SP001	面包	北京	6
3	SP002	饼干	北京	3
4	SP003	牛奶	天津	2.5
5	SP004	酸奶	天津	2
6	SP005	果汁	上海	5
7	SP006	啤酒	上海	3.5

图 8-2　将一个表中的数据拆分为两个表

为了在"订单记录"表中获得每个订单中的商品单价，可以通过两个表中的"商品编号"列来建立关系。在 Excel 中可以使用 VLOOKUP 函数在"订单记录"表中的"商品编号"列查找特定的商品编号，然后在"商品信息"表中找到特定的商品编号，并从同行的"单价"列获取相应的单价。而在 Power Pivot 中只需要简单地为两个表中的同一列创建关系，即可使两个表中的数据"连通"，无须编写任何公式。

从上面的示例可以发现，数据模型在优化数据存储、减少数据冗余、提高数据处理性能等多个方面具有明显的优势。

8.1.3　在功能区中添加 Power Pivot 选项卡

Power Pivot 有自己专门的操作界面，为了使用 Power Pivot 创建数据透视表以及 Power Pivot 的其他功能，需要先在功能区中添加 Power Pivot 选项卡，操作步骤如下：

（1）在 Excel 主界面中单击"文件"按钮并选择"选项"命令，打开"Excel 选项"对话框，在"加载项"选项卡的"管理"下拉列表中选择"COM 加载项"，然后单击"转到"按钮，如图 8-3 所示。

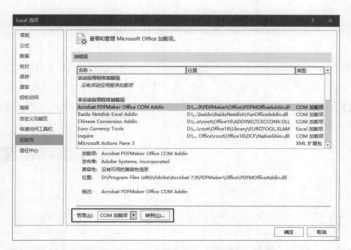

图 8-3　选择"COM 加载项"并单击"转到"按钮

（2）打开"COM 加载项"对话框，选中 Microsoft Power Pivot for Excel 复选框，如图 8-4 所示，然后单击"确定"按钮，将在 Excel 功能区中添加 Power Pivot 选项卡，如图 8-5 所示。

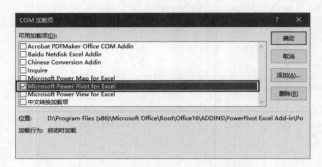

图 8-4　选中 Microsoft Power Pivot for Excel 复选框

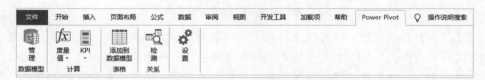

图 8-5　在 Excel 功能区中添加 Power Pivot 选项卡

8.2　在 Excel 中创建数据模型和数据透视表

即使不启用 Power Pivot 加载项，在 Excel 中仍然可以使用 Power Pivot 很少一部分功能来基于数据模型创建数据透视表，为没有 Power Pivot 使用经验又想基于多个表的数据进行分析的用户提供了方便。本节将介绍在不启用 Power Pivot 加载项的情况下，在 Excel 中创建数据模型和数据透视表的方法。本节及本章后续内容将使用 8.1.2 节中拆分的两个表作为示例数据。

8.2.1　将数据区域转换为表格

在开始创建数据透视表之前，需要先将要汇总的多个表中的数据区域转换为 Excel 表格，操作步骤如下：

（1）打开包含数据源的 Excel 工作簿，本例中的工作簿包含"商品信息"和"订单记录"两个工作表。

（2）单击任意一个工作表标签（如"商品信息"），然后单击该工作表中的任意一个包含数据的单元格，在功能区的"插入"选项卡中单击"表格"按钮，如图 8-6 所示。

（3）打开"创建表"对话框，在"表数据的来源"文本框中自动填入了数据区域，确保选中"表包含标题"复选框，如图 8-7 所示。

图 8-6　单击"表格"按钮

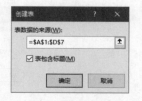

图 8-7　"创建表"对话框

（4）单击"确定"按钮，将数据区域转换为表格，如图 8-8 所示。

（5）使用相同的操作，将另一个工作表中的数据区域也转换为表格，如图 8-9 所示。

	A	B	C	D
1	订单编号	商品名称	商品编号	订购数量
2	DD001	酸奶	SP004	6
3	DD002	牛奶	SP003	3
4	DD002	饼干	SP002	5
5	DD003	果汁	SP005	3
6	DD003	啤酒	SP006	6
7	DD003	酸奶	SP004	1
8	DD004	面包	SP001	3
9	DD004	果汁	SP005	3
10	DD004	啤酒	SP006	6
11	DD004	面包	SP001	3
12	DD005	面包	SP001	4
13	DD005	啤酒	SP006	6
14	DD005	牛奶	SP003	3
15	DD005	牛奶	SP003	1
16	DD005	酸奶	SP004	3
17	DD005	饼干	SP002	6
18	DD006	面包	SP001	4
19	DD006	果汁	SP005	1
20	DD006	啤酒	SP006	5
21	DD006	果汁	SP005	3
22	DD006	酸奶	SP004	1

	A	B	C	D
1	商品编号	商品名称	产地	单价
2	SP001	面包	北京	6
3	SP002	饼干	北京	3
4	SP003	牛奶	天津	2.5
5	SP004	酸奶	天津	2
6	SP005	果汁	上海	5
7	SP006	啤酒	上海	3.5

图 8-8　将数据区域转换为表格　　图 8-9　将另一个工作表中的数据区域转换为表格

8.2.2　在 Excel 中基于单表数据创建数据透视表

完成 8.2.1 节的转换表格操作之后，为了汇总订单数据，需要将"订单记录"表作为数据源来创建数据透视表，操作步骤如下：

（1）单击"订单记录"工作表标签，然后单击数据区域中的任意一个单元格，在功能区的"插入"选项卡中单击"数据透视表"按钮，如图 8-10 所示。

（2）打开"创建数据透视表"对话框，在"表 / 区域"文本框中自动填入了"订单记录"工作表中的数据区域，

图 8-10　单击"数据透视表"按钮

如图 8-11 所示。此处显示的是"表 2"，这是在将数据区域转换为表格之后，Excel 自动为表格起的名称，表格的名称可以在功能区的"表格工具 | 设计"选项卡中查看，如图 8-12 所示。

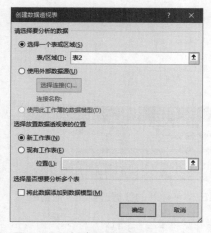

图 8-11　"创建数据透视表"对话框

图 8-12　查看表格的名称

（3）保持默认选项不变，单击"确定"按钮，在新建的工作表中创建一个空白的数据透视表。

在"数据透视表字段"窗格中显示了 4 个字段，它们对应于"订单记录"工作表中各列的标题，如图 8-13 所示。

图 8-13　创建空白的数据透视表

8.2.3　添加更多表格并创建关系

本小节继续使用 8.2.2 节创建完成的空白数据透视表，接下来将是成功创建数据模型和数据透视表最为关键的部分，操作步骤如下：

（1）在"数据透视表字段"窗格中单击"更多表格"，如图 8-14 所示。

（2）打开"创建新的数据透视表"对话框，单击"是"按钮，如图 8-15 所示。

图 8-14　单击"更多表格"　　图 8-15　"创建新的数据透视表"对话框

（3）在"数据透视表字段"窗格中将显示"表 1"和"表 2"，它们对应于转换为表格之后的"商品信息"和"订单记录"两个工作表中的数据，表 1 对应于"商品信息"工作表，表 2 对应于"订单记录"工作表，如图 8-16 所示。单击每个表左侧的箭头，展开其中包含的字段，如图 8-17 所示。

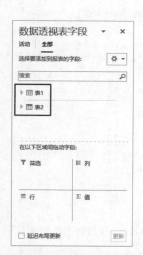

图 8-16　将多个表加载到"数据透视表字段"窗格中　　　　图 8-17　展开每个表中的字段

（4）将所需字段添加到下方的列表框中，对字段进行布局。

● 将表 1 中的"单价"字段添加到"行"列表框。

● 将表 2 中的"订单编号"和"商品名称"两个字段添加到"行"列表框。

● 将表 2 中的"订购数量"字段添加到"值"列表框。

（5）添加"订购数量"字段时，在"数据透视表字段"窗格的上方将显示如图 8-18 所示的提示信息。单击"自动检测"按钮，让 Excel 自动检测并创建两个表之间的关系；单击"创建"按钮，由用户手动指定两个表之间的关系。

（6）此处单击"自动检测"按钮，由 Excel 自动检测并创建两个表之间的关系，稍后显示如图 8-19 所示的结果，单击"关闭"按钮。

图 8-18　提示用户以何种方式创建关系　　　　图 8-19　由 Excel 自动创建关系

提示：如果单击"创建"按钮，将打开"创建关系"对话框，由用户手动指定两个表及用于绑定关系的列，如图 8-20 所示。

Excel 将为两个表创建关系，经过字段布局之后的数据透视表如图 8-21 所示。

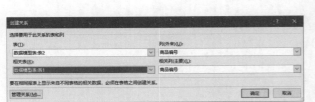

图 8-20　由用户手动创建关系

图 8-21　在数据透视表中显示来自于不同
表中的数据

以后如果想要修改或删除表之间的关系，可以单击数据透视表中的任意一个单元格，在功能区的"数据透视表工具 | 分析"选项卡中单击"关系"按钮，如图 8-22 所示。然后在打开的"管理关系"对话框中编辑表之间的关系，如图 8-23 所示。

图 8-22　单击"关系"按钮

图 8-23　编辑表之间的关系

8.3　在 Power Pivot 中创建数据模型和数据透视表

本节将介绍在启用 Power Pivot 加载项之后，使用 Power Pivot 创建数据模型和数据透视表的方法。本节中的所有操作都需要先启用 Power Pivot 加载项。

8.3.1　在 Power Pivot 中加载数据源

在 Power Pivot 中创建数据模型和数据透视表时，需要先将数据源加载到 Power Pivot 中，操作步骤如下：

（1）新建或打开要创建数据透视表的工作簿，但是不能是包含数据源的工作簿。然后在功能区的 Power Pivot 选项卡中单击"管理"按钮，如图 8-24 所示。

（2）打开 Power Pivot 窗口，在功能区的"主页"选项卡中单击"从其他源"按钮，如图 8-25 所示。

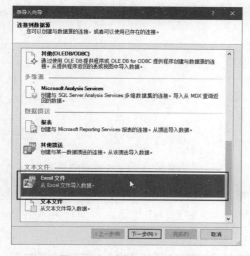

图 8-24　单击"管理"按钮

图 8-25　单击"从其他源"按钮

（3）打开"表导入向导"对话框，在列表框中选择"Excel 文件"，然后单击"下一步"按钮，如图 8-26 所示。

（4）进入如图 8-27 所示的界面，单击"浏览"按钮。

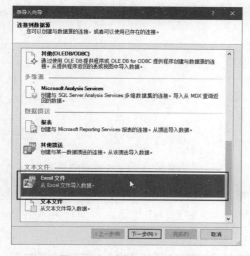

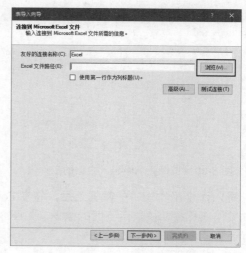

图 8-26　选择"Excel 文件"

图 8-27　单击"浏览"按钮

（5）打开如图 8-28 所示的对话框，找到并双击数据源所在的工作簿。

（6）返回第（4）步的界面，在"Excel 文件路径"文本框中自动填入了第（5）步选择的工作簿的完整路径，选中"使用第一行作为列标题"复选框，然后单击"下一步"按钮，如图 8-29 所示。

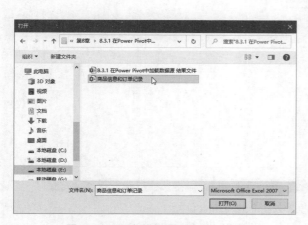

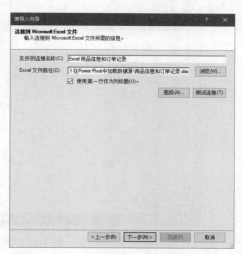

图 8-28　双击数据源所在的工作簿

图 8-29　选中"使用第一行作为列标题"复选框

（7）进入如图 8-30 所示的界面，其中显示了所选工作簿中包含的所有工作表，选中要使用的工作表开头的复选框，然后单击"完成"按钮。

（8）稍后，将显示如图 8-31 所示的界面，单击"关闭"按钮，完成数据的导入。

图 8-30　选择要从中导入数据的工作表

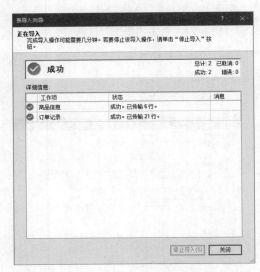

图 8-31　完成数据的导入

导入两个工作表中的数据之后，将在 Power Pivot 中显示导入后的数据，可以使用数据底部的工作表标签切换显示不同的数据，如图 8-32 所示。保存当前工作簿，以便将导入到 Power Pivot 中的数据保存到该工作簿中。

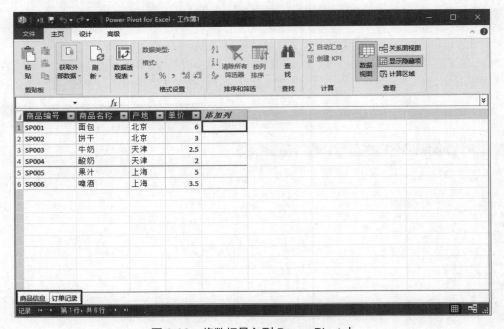

图 8-32　将数据导入到 Power Pivot 中

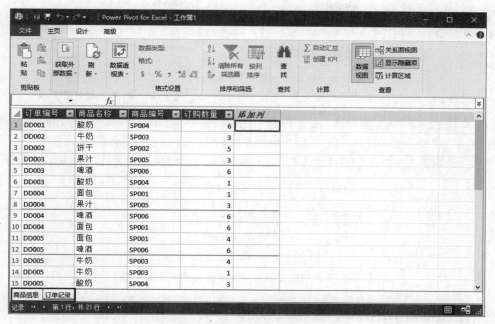

图 8-32 将数据导入到 Power Pivot 中（续）

8.3.2 在 Power Pivot 中创建数据模型

本小节继续使用 8.3.1 节导入到 Power Pivot 中的数据，接下来需要为两个表中的数据创建关系，操作步骤如下：

（1）打开 8.3.1 节保存后的工作簿，在功能区的 Power Pivot 选项卡中单击"管理"按钮，打开 Power Pivot 窗口，然后在功能区的"主页"选项卡中单击"关系图视图"按钮，如图 8-33 所示。

（2）进入如图 8-34 所示的界面，其中显示了导入到 Power Pivot 中的两个表及其中包含的所有字段。

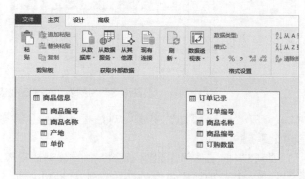

图 8-33 单击"关系图视图"按钮　　　图 8-34 未创建关系的两个表及其中的字段

（3）使用鼠标将"商品信息"表中的"商品编号"字段拖动到"订单记录"表中的"商品编号"字段的上方，如图 8-35 所示。通过这两个字段为两个表创建关系，此时会在两个表之间显示一个带箭头的直线，表明已创建关系，如图 8-36 所示。

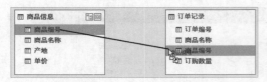 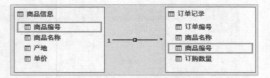

图 8-35　通过拖动字段来创建关系　　　　图 8-36　为两个表创建关系

（4）单击 Power Pivot 窗口顶部的"保存"按钮，保存在 Power Pivot 中所做的修改。

如果需要修改或删除关系，可以切换到关系图视图，然后右击表示关系的直线，在弹出的菜单中选择"编辑关系"命令将修改关系，选择"删除"命令将删除关系，如图 8-37 所示。

图 8-37　使用快捷菜单中的命令修改或删除关系

8.3.3　在 Power Pivot 中创建数据透视表

本小节继续使用 8.3.2 节已经在 Power Pivot 中创建好表关系的数据模型来创建数据透视表，操作步骤如下：

（1）打开 8.3.2 节保存后的工作簿，在功能区的 Power Pivot 选项卡中单击"管理"按钮，打开 Power Pivot 窗口，然后在功能区的"主页"选项卡中单击"数据透视表"按钮，在弹出的菜单中选择"数据透视表"命令，如图 8-38 所示。

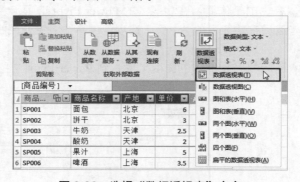

图 8-38　选择"数据透视表"命令

（2）打开"创建数据透视表"对话框，选择创建数据透视表的位置，然后单击"确定"按钮，如图 8-39 所示。

（3）将在当前工作簿中创建一个空白的数据透视表，并在"数据透视表字段"窗格中显示具有关系的两个表及其中包含的字段，如图 8-40 所示。之后的操作与 8.2 节介绍的在 Excel 中创建数据透视表的操作相同，就不再赘述了。

提示：此处的"数据透视表字段"窗格中两个表的图标，与 8.2 节在 Excel 中使用"更多表格"按钮加载的两个表的图标略有区别，以此来分辨由 Power Pivot 和 Excel 创建表关系的不同。

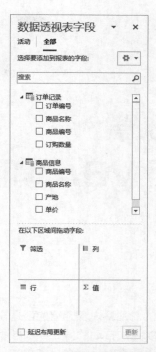

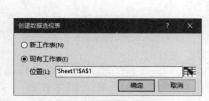

图 8-39　选择创建数据透视表的位置　　　　图 8-40　在"数据透视表字段"窗格
中显示具有关系的两个表

第9章
使用 VBA 编程处理数据透视表

本书的前几章内容介绍的都是在 Excel 界面中通过手动执行命令来创建和设置数据透视表。如果想要以更加自动的方式操作数据透视表，那么可以编写 VBA 代码。虽然在使用 VBA 编程处理数据透视表时，用户只需单击一个按钮即可在瞬间完成数据透视表的创建和设置工作，但是凡事有利就有弊，用户为此需要学习 VBA 编程的语法知识，以及通过代码操作 Excel 数据透视表的 Excel 对象模型中的相关对象。本章将介绍通过编写 VBA 代码创建和设置数据透视表的方法，在此之前首先介绍 VBA 编程的基本语法及其相关知识。

9.1   VBA 编程基础

在开始介绍使用 VBA 编程处理数据透视表的内容之前，首先需要了解 VBA 编程的基本概念和语言元素，这些内容不仅适用于 Excel，也同样适用于 Word、PowerPoint、Access 等其他 Office 组件，本节介绍的正是这些通用的 VBA 编程基础知识。由于本书内容的核心主题是 Excel 数据透视表，因此本节中的示例都将以 Excel 为操作环境。

9.1.1   支持 VBA 的文件格式

在 Office 2007 及更高版本的 Office 中，将根据文档中是否包含 VBA 代码而使用不同的文件格式进行存储，可以包含 VBA 代码的文件扩展名以字母 m 结尾，不能包含 VBA 代码的文件扩展名以字母 x 结尾。对于 Excel 而言，可以保存 VBA 代码的文件扩展名为 .xlsm，不能保存 VBA 代码的文件扩展名为 .xlsx。

为了将 VBA 代码保存在 Office 文档中，需要在保存 Office 文档时选择支持 VBA 代码的文件格式。如果在已经保存为不支持 VBA 代码的 Office 文档中存储 VBA 代码，在保存 Office 文档时将显示如图 9-1 所示的对话框，此时必须单击"否"按钮，然后选择带有"启用宏"3 个字的文件类型，或选择 Excel 97-2003 格式的文件，才能将 VBA 代码保存在 Office 文档中。

提示：宏实际上是对一组 VBA 代码的另一种称呼，通常是指通过 Office 应用程序内置的录制功能自动获得的一段 VBA 代码，其本质是一个公有且不带参数的 Sub 过程。关于 Sub 过程的更多内容请参考 9.1.8 节。

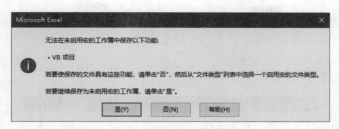

图 9-1　将 VBA 代码保存在不支持 VBA 代码的 Office 文档时显示的提示信息

9.1.2　允许或禁止运行 VBA 代码

为了加强文档安全，微软默认禁止用户运行 Office 文档中包含的 VBA 代码，但是为用户提供了是否允许运行 VBA 代码的选项。为了便于访问 VBA 相关的设置选项以及编写 VBA 代码，需要在功能区中添加"开发工具"选项卡。

右击功能区或快速访问工具栏，在弹出的菜单中选择"自定义功能区"命令，打开"Excel 选项"对话框中的"自定义功能区"选项卡，在该选项卡右侧的列表框中选中"开发工具"复选框，如图 9-2 所示，然后单击"确定"按钮。将在功能区中显示"开发工具"选项卡，如图 9-3 所示。

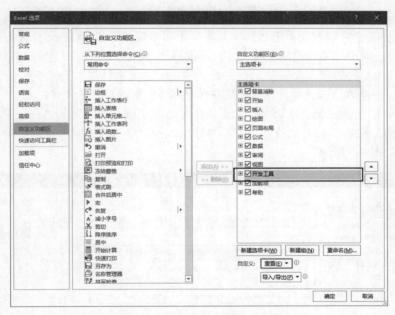

图 9-2　选中"开发工具"复选框

图 9-3　"开发工具"选项卡

默认情况下，当打开包含 VBA 代码的 Office 文档时，在功能区下方将显示"宏已被禁用"的提示信息。如果确定 VBA 代码安全并希望运行它，可以单击"启用内容"按钮。如果希望始终允许运行任何 Office 文档中包含的 VBA 代码，可以对宏安全性进行设置，方法如下：

在功能区的"开发工具"选项卡中单击"宏安全性"按钮，打开"信任中心"对话框中的"宏设置"选项卡，在右侧选中"启用所有宏（不推荐：可能会运行有潜在危险的代码）"单选按钮，如图 9-4 所示，然后单击"确定"按钮。

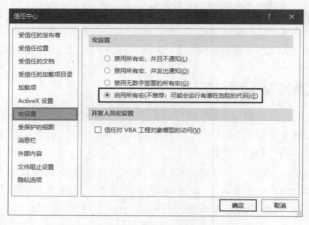

图 9-4　设置宏安全性

虽然设置宏安全性很方便，但是却容易带来更多的安全隐患。Office 允许用户将指定的文件夹设置为允许运行 VBA 代码的文件夹，只要是从这个文件夹中打开包含 VBA 代码的 Office 文档，其中的 VBA 代码就不会受到运行方面的限制，这类文件夹称为"受信任位置"。Office 应用程序提供了一些默认的受信任位置，用户也可以添加新的受信任位置。

要查看默认的受信任位置或添加新的受信任位置，可以在功能区的"开发工具"选项卡中单击"宏安全性"按钮，打开"信任中心"对话框，在"受信任位置"选项卡中列出了所有的受信任位置，如图 9-5 所示。

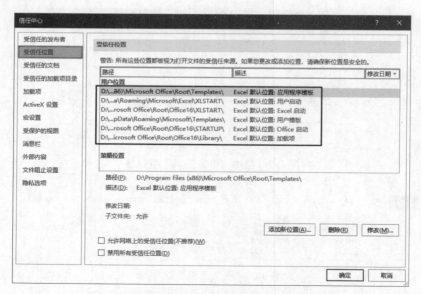

图 9-5　查看默认或用户自定义的受信任位置

用户可以对受信任位置执行以下几种操作：

- 添加新的受信任位置：单击"添加新位置"按钮，打开如图 9-6 所示的对话框，通过单击"浏览"按钮来选择要作为受信任位置的文件夹。如果要让所选文件夹中的所有子文件夹也成为受信任位置，需要选中"同时信任此位置的子文件夹"复选框。设置完成后单击"确定"按钮。

- 修改现有的受信任位置：选择一个受信任位置，然后单击"修改"按钮，打开与添加新的受信任位置类似的对话框，从中选择一个新的受信任位置来替换原有的受信任位置。

- 删除现有的受信任位置：选择一个受信任位置，然后单击"删除"按钮，将从列表中删除所选择的受信任位置。

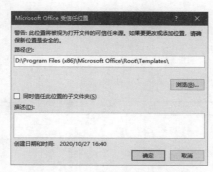

图 9-6　添加新的受信任位置

提示：位于受信任位置中的工作簿不会受到宏安全性设置的影响。例如，如果在"宏设置"界面中选择"禁用所有宏，并且不通知"选项，当从受信任位置打开包含 VBA 代码的 Office 文档时，其中的 VBA 代码仍然可以正常运行而不会被禁用。

9.1.3　创建与使用宏

宏通常是指在 Office 应用程序中通过录制用户的操作步骤而自动生成的一组 VBA 代码。由于宏录制的是完成某项特定任务的操作步骤，因此宏通常只适用于特定的任务，通用性较差。宏还会包含一些不必要的冗余代码，降低了程序的运行效率。但是对于每天需要重复执行的一些完全相同的任务而言，可以将相同的操作步骤录制下来，然后通过播放录制后的宏来自动执行这些操作，从而提高执行操作的效率。

在开始录制之前，需要先考虑好要录制的内容及操作的次序，并演练整个操作过程。如果在录制过程中出现错误，错误的操作将被记录到宏中，在以后播放宏时将会包含多余的误操作而影响执行效率。

录制宏的操作从"录制宏"对话框开始，在该对话框中需要为宏设置相关信息，包括宏的名称、运行宏时的快捷键、宏的存储位置、宏的说明信息等，其中的一些信息是可选的。用户可以使用以下几种方法打开"录制宏"对话框。

- 单击 Office 应用程序窗口底部状态栏左侧的"录制宏"按钮，比如在 Excel 中的"录制宏"按钮是 。如果没有显示该按钮，可以右击状态栏并从弹出的菜单中选择"宏录制"命令，如图 9-7 所示。

- 在功能区的"开发工具"选项卡中单击"录制宏"按钮。

- 在功能区的"视图"选项卡中单击"宏"按钮上的下拉按钮，然后在弹出的菜单中选择"录制宏"命令。

　　使用以上任意一种方法，都将打开"录制宏"对话框，如图 9-8 所示。在"录制宏"对话框中最主要的设置是宏的名称及其存储位置。在"宏名"文本框中输入宏的名称，应该使用易于识别的名称，以便当包含多个宏时可以快速找到该宏。名称中不能包含空格、问号、叹号等符号，而且不能超过 255 个字符。

图 9-7　使"宏录制"选项处于选中状态　　　　图 9-8　"录制宏"对话框

　　对于 Excel 而言，在"保存在"下拉列表中可以选择保存宏的 3 个位置：

- 个人宏工作簿：如果将录制的宏存储在该位置，该宏就可以在任何打开的工作簿中使用。个人宏工作簿对应于 Personal.xlsb 文件，只有在该文件中存储过宏之后，该文件才会被 Excel 创建，否则将处于隐藏状态。
- 当前工作簿：如果将录制的宏存储在该位置，那么只能在当前工作簿中使用该宏。
- 新工作簿，如果选择该位置，那么将会新建一个工作簿并将录制的宏存储在其中。

　　"录制宏"对话框中的快捷键和说明信息是可选项，可以根据需要进行设置。完成所有设置之后，单击"确定"按钮开始录制宏。Office 应用程序窗口状态栏左侧的"录制宏"按钮将变为"停止录制"按钮，功能区的"开发工具"选项卡中的"录制宏"按钮也将变为"停止录制"按钮。录制完成之后，单击"停止录制"按钮停止并结束录制。

　　在 Office 应用程序界面中需要使用"宏"对话框来运行录制好的宏，打开该对话框有以下几种方法：

- 在功能区的"开发工具"选项卡中单击"宏"按钮。
- 在功能区的"视图"选项卡中单击"查看宏"按钮。
- 按 Alt+F8 快捷键。

　　使用以上任意一种方法都将打开"宏"对话框，如图 9-9 所示，在列表框中双击要运行的宏，或者选择宏之后单击"执行"按钮,都将运行该宏。如果录制之前为宏设置了快捷键,也可以使用快捷键直接运行宏,而不必先打开"宏"对话框。

图 9-9　在"宏"对话框中运行宏

9.1.4　在 VBE 窗口中编写代码

为了让宏可以在不同的环境下稳定地工作,并具有更高的执行效率,用户可以修改录制好的宏中所包含的 VBA 代码,或者不录制宏而完全从头开始编写 VBA 代码。修改或编写 VBA 代码除了可以提高程序的通用性和性能之外,还可以为程序提供输入参数。参数是程序所要使用的数据,通过为同一个程序提供不同的参数,可以得到不同的结果。此外,通过编写事件过程代码,可以在触发事件时自动执行事件过程中的代码,实现更加智能的交互方式。

VBE 是 Visual Basic Editor 的简称,也可以将其称为 Visual Basic 集成开发环境(VBIDE,Visual Basic Integrated Design Environment),VBE 为 VBA 代码的编写、修改、调试等操作提供了专门的界面环境和工具。打开 VBE 窗口有以下两种方法:

- 在功能区的"开发工具"选项卡中单击 Visual Basic 按钮。
- 按 Alt+F11 快捷键。

打开的 VBE 窗口类似如图 9-10 所示,VBE 窗口由工程资源管理器、属性窗口和代码窗口等部分组成。根据用户个人设置的不同,某些部分可能未显示在窗口中,用户可以使用菜单栏中的"视图"菜单命令来设置各个部分的显示状态。

下面将介绍 VBE 窗口的各个组成部分。

1．工程资源管理器

工程资源管理器是 VBE 窗口中的导航工具,其中列出了在当前 Office 应用程序中打开的所有文档及其中包含的组件,如图 9-11 所示。当前打开的每一个 Office 文档都有一个对应的工程,每个工程由一个或多个同类型或不同类型的模块组成,每个模块包含一个或多个 Sub 或 Function 过程,每个过程由行数不等的 VBA 代码组成,用于实现一个具体的功能。

如果录制了宏,将自动在工程中创建名为"模块 1"的模块,其中包含录制宏后生成的 VBA 代码。用户可以根据需要在工程中添加不同类型的模块,包括标准模块、类模块和用户窗体模块。右击工程中的某个模块,在弹出的菜单中可以执行与该模块相关的操作,包括添加新模块、导出 / 导入模块、删除模块等，如图 9-12 所示。

图 9-10   VBE 窗口

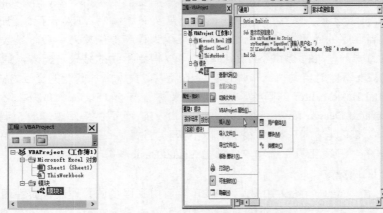

图 9-11   工程资源管理器   图 9-12   执行与模块相关的操作

2．属性窗口

在属性窗口中显示了在工程资源管理器中当前选中的对象的相关属性。例如，在 Excel 的工程资源管理器中选择 ThisWorkbook 模块，属性窗口中就会显示该模块的属性，如图 9-13 所示。通过设置属性可以改变对象的外观和状态。在左列选择要设置的属性名称，在同行的右列设置该属性的值。

不同的属性具有不同的设置方法，主要分为以下几种：

- 直接输入属性的值。
- 从下拉列表中选择属性的值。
- 单击属性设置按钮，然后在打开的对话框中通过选择文件来设置属性的值。

- 对于 Picture 类的属性，可以通过复制/粘贴的方式，使用剪贴板中的内容来设置属性的值。

3. 代码窗口

录制的宏和编写的 VBA 代码都位于代码模块中。VBA 包含标准模块和类模块两种类型的代码模块，如图 9-14 所示。标准模块中的代码可以在应用程序中的任何地方运行，类模块主要用于创建对象以及捕获应用程序级事件。录制宏时会自动创建一个标准模块，用户也可以根据需要手动创建新的标准模块和类模块。

图 9-13　属性窗口

图 9-14　VBA 中的代码模块

在工程中默认包含一个或多个与 Office 文档相关的类模块。例如，在 Excel 中包含 Sheet 模块和 ThisWorkbook 模块，Sheet 模块对应于工作簿中的工作表，可能有 Sheet1、Sheet2 等，ThisWorkbook 模块对应于包含该模块的工作簿。

除了标准模块和类模块之外，在工程中还可以包含用户窗体模块。与只包含代码的标准模块和类模块不同，用户窗体模块具有图形设计界面。在工程资源管理器中双击用户窗体模块，将打开用户窗体的设计窗口，可以在用户窗体上放置不同类型的控件，从而构建具有不同外观的对话框。

在工程资源管理器中双击任意一个模块，将打开与该模块关联的代码窗口，如图 9-15 所示。在代码窗口中编写代码类似于在记事本中编辑文本，编辑文本的方法同样适用于在代码窗口中编辑 VBA 代码。

图 9-15　代码窗口

在代码窗口的顶部提供了两个下拉列表，其中包含的内容由代码所属的模块类型决定：

- 标准模块：标准模块的代码窗口的左侧下拉列表中只包含"通用"，右侧下拉列表中包含在标准模块中创建的 Sub 过程和 Function 过程的名称。
- 类模块：类模块的代码窗口的左侧下拉列表中包含在类模块中创建的对象名称，右侧下拉列表中包含当前所选对象的事件过程的名称。
- 用户窗体模块：用户窗体模块的代码窗口的左侧下拉列表中包含用户窗体的名称，以及用户窗体中包含的所有控件名称。右侧下拉列表中包含当前所选的用户窗体或控件的事件过程的名称。

过程是一组 VBA 代码的逻辑组织单元，一个代码模块可以包含任意数量的过程，每个过程用于完成某个具体的任务。在 VBA 中运行程序指的是运行过程中的 VBA 代码，模块只是存储和组织过程的容器，不能运行模块。

VBA 中常用的过程有 3 种：Sub 过程（子过程）、Function 过程（函数过程）、事件过程。录制宏时自动创建的是不包含参数的 Sub 过程。包含参数的 Sub 过程、Function 过程以及事件过程都需要由用户创建并编写其中的代码。

要运行代码窗口中的某个过程，需要单击过程代码的范围内，然后单击 VBE 窗口的"标准"工具栏中的"运行子过程/用户窗体"按钮 ，或按 F5 键，如图 9-16 所示。

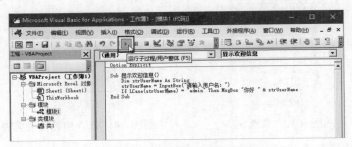

图 9-16　运行 VBA 代码的方法

9.1.5　VBA 程序的基本结构

一个可以正常运行的 VBA 程序由一个或多个过程组成，过程可以是 Sub 过程、Function 过程或事件过程。可以直接运行的过程不能包含参数，包含参数的过程只能被其他过程调用，而不能直接运行。

一个 VBA 程序由过程框架和主代码组成。过程框架定义了一个过程的类型、名称和过程的作用范围，由过程的第一条语句和最后一条语句组成，不同类型的过程具有不同的过程框架。下面是 Sub 过程的过程框架，以 Sub 关键字开头，其后跟过程的名称，过程的最后以 End Sub 结尾。

```
Sub 过程名()

End Sub
```

使用 Function 关键字替换上面的 Sub 关键字，就可以得到 Function 过程的框架，代码如下所示：

```
Function 过程名()

End Function
```

提示：关于 Sub 过程和 Function 过程语法结构的更多内容，请参考 9.1.8 节。

用于实现程序具体功能的 VBA 代码位于过程框架中，即位于过程的第一条语句和最后一条语句之间。下面的 Sub 过程包含 3 行代码，除了作为程序框架的第一行代码和最后一行代码之外，第二行代码是实现程序功能的主代码。

```
Sub 测试()
    MsgBox "这是一个测试！"
End Sub
```

除了程序框架和主代码之外，一个 VBA 程序可能还包含以下几种元素：

- 注释：注释是说明性信息，运行代码时会自动忽略注释部分。通常为难以理解的代码添加注释，或在程序开头为整个程序添加整体说明的注释。要添加注释，可以先输入一个单引号，再输入注释内容。也可以选择要转换为注释的内容，然后单击"编辑"工具栏中的"设置注释块"按钮，注释的默认字体颜色是绿色。删除注释开头的单引号，或者单击"编辑"工具栏中的"解除注释块"按钮，可以取消注释。

- 缩进格式：在编写代码时使用适当的缩进格式，可以使代码结构清晰、易于理解，也便于在出现问题时快速找到错误原因。上面的代码就是一个包含简单缩进格式的例子，第二行代码与其他两行相比，向右侧缩进了 4 个空格的距离。可以设置每次按 Tab 键向右缩进的距离，单击菜单栏中的"工具"|"选项"命令，打开"选项"对话框，在"编辑器"选项卡中设置"Tab 宽度"的值，如图 9-17 所示。

- 长代码续行：当一行代码太长而无法完整显示在窗口的可见区域内时，可以使用续行符改善显示效果。在一行代码的某个位置输入一个空格和一条下画线，按 Enter 键后会自动插入一个看不见的续行标记，该标记之后的代码会被移入下一行，如图 9-18 所示。分行显示后的两部分代码除了在格式上与分行前的代码不同外，功能仍然相同。

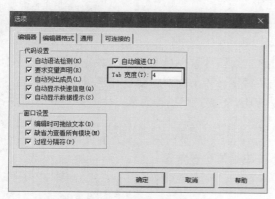

图 9-17　设置缩进的默认距离

图 9-18　将长代码换行显示

9.1.6　变量、常量和数据类型

在 VBA 程序中可以使用变量和常量存储数据，在程序运行期间可以改变变量中的数据，但是不能改变常量中的数据。数据有多种不同的类型，比如整数"100"，小数"1.6"，中文字符"技术大全"，英文字符"VBA"，日期"2018 年 6 月"、逻辑值"True"和"False"等。计算机以不同的方式存储不同类型的数据，不同类型的数据占用不同大小的内存空间。表 9-1 列出了 VBA 支持的数据类型、取值范围以及占用的内存空间。

表 9-1　VBA 支持的数据类型、取值范围以及占用的内存空间

数据类型	取值范围	占用的内存空间
Boolean	True 或 False	2 字节
Byte	0 ～ 255	1 字节
Currency	−922337203685477.5808 ～ 922337203685477.5807	8 字节

数据类型	取值范围	占用的内存空间
Date	100 年 1 月 1 日～ 9999 年 12 月 31 日	8 字节
Integer	–32768 ～ 32767	2 字节
Long	–2147483648 ～ 2147483647	4 字节
Single	负数：–3.402823E38 ～ –1.401298E-45 正数：1.401298E-45 ～ 3.402823E38	4 字节
Double	负数：–1.79769313486232E308 ～ –4.49065645841247E-324 正数：4.49065645841247E-324 ～ 1.79769313486232E308	8 字节
String（定长）	1 ～ 65400 个字符	字符串的长度
String（变长）	0 ～ 20 亿个字符	10 字节 + 字符串长度
Object	任何对象的引用	4 字节
Variant（字符型）	与变长字符串的范围相同	22 字节 + 字符串长度
Variant（数字型）	与 Double 的范围相同	16 字节
用户自定义类型	各组成部分的取值范围	各部分空间总和

由于可以将数据存储在变量和常量中，因此变量和常量也具有相应的数据类型。表 9-1 中的第一列是数据类型的名称，它们是 VBA 中的关键字，如果需要将变量和常量声明为特定的数据类型，可以使用这些关键字。关键字用于标识 VBA 中的特定语言元素，比如语句名、函数名、运算符等。

在使用常量前必须先使用 Const 关键字进行声明并为常量赋值。下面的代码声明了一个名为的 AppName 常量，并将"人事管理系统"字符串赋值给该常量。

```
Const AppName As String = "人事管理系统"
```

与常量不同，在使用变量前可以不声明而直接使用，也可以先声明再使用。如果不声明变量而直接在程序中使用，变量的数据类型默认为 Variant。具有这种数据类型的变量可以存储任何类型的数据，但是会占用更多的内存空间，降低程序的运行效率。

如果预先知道要在变量中存储的数据类型，应该在使用该变量前先将其声明为相应的数据类型，这样可以让数据存储在与其匹配的具有适当内存大小的变量中，而不会浪费额外的内存空间，同时可以提高程序的运行效率。此外，在使用变量前先对其进行声明，还可以避免在程序中由于变量名拼写有误而导致不易察觉的错误。

可以使用以下两种方法强制用户在使用变量前必须先进行声明。第一种方法对工程中已存在的模块无效，此时必须手动将 Option Explicit 语句添加到已存在的每个模块顶部的声明部分。模块中的声明部分位于模块中所有过程的最上方。

- 在 VBE 窗口单击菜单栏中的"工具"|"选项"命令，打开"选项"对话框，在"编辑器"选项卡中选中"要求变量声明"复选框，如图 9-19 所示。
- 将 Option Explicit 语句放置在模块顶部的声明部分。

声明变量时通常使用 Dim 关键字，下面的代码声明了一个名为 strUserName 的变量，该变量的数据类型是 String，用于存储用户名。

```
Dim strUserName As String
```

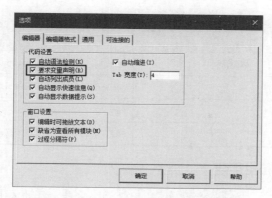

图 9-19　选中"要求变量声明"复选框

可以在一行中声明多个变量，各变量之间使用逗号分隔，并为每个变量分别指定数据类型。下面的代码在一行中声明了两个 String 数据类型的变量：

```
Dim strUserName As String, strFileName As String
```

如果在声明变量时没有使用 As 关键字指明数据类型，变量的数据类型默认为 Vaiant。除了使用 Dim 关键字声明变量外，还可以使用 Public、Private 和 Static 关键字声明变量，它们之间的主要区别在于所声明的变量具有不同的作用域和生存期。关于作用域和生存期的更多内容请参考 9.1.7 节。

声明后的每个变量都有一个初始值，不同数据类型的变量具有不同的初始值。Integer、Long、Single、Double 等数值数据类型的变量初始值是 0，String 数据类型的变量初始值是空字符串、Boolean 数据类型的变量初始值是逻辑值 False。

在声明变量后，只有将数据存储到变量中，变量才具有实际意义。将数据存储到变量的过程称为"赋值"。在为变量赋值时，需要先输入这个变量的名称，然后输入一个等号，再在等号右侧输入要赋值的数据。下面的代码将文本"第一季度"赋值给 strFileName 变量：

```
strFileName = "第一季度"
```

在声明变量和常量时需要为它们提供名称。为了便于通过名称快速了解变量和常量的用途，应该使用有意义的名称为变量和常量命名。并不是所有内容都可以作为变量和常量的名称，在命名时需要遵守以下规则：

- 变量名和常量名不能与 VBA 中的关键字相同。
- 变量名和常量名的第一个字符必须使用英文字母或汉字。
- 可以在变量名和常量名中使用数字和下画线，但是不能使用空格、句点、叹号。
- 变量名和常量名的字符长度不能超过 255 个字符。

为了让变量的数据类型清晰明了，可以在声明变量时使用表示数据类型的字符作为变量名的前缀，这样在代码中就可以通过前缀快速知道变量的数据类型。表 9-2 列出了建议的前缀及其对应的数据类型。

表 9-2　用于表示数据类型的前缀

前　　缀	数 据 类 型	前　　缀	数 据 类 型
str	String	byt	Byte
int	Integer	dat	Date

前　　缀	数　据　类　型	前　　缀	数　据　类　型
lng	Long	cur	Currency
sng	Single	dec	Decimal
dbl	Double	var	Variant
bln	Boolean	udf	用户自定义类型

9.1.7　变量的作用域和生存期

声明变量的位置和方式决定了变量的使用范围，以及其中存储值的保存期限。将变量的使用范围称为变量的作用域，将变量中值的保存期限称为变量的生存期。变量的作用域分为过程级、模块级、工程级 3 种，变量的生存期与作用域密切相关。

1．过程级变量

过程级变量是指在过程内部声明的变量，这些变量只能在它们所在的过程内部使用。可以使用 Dim 或 Static 关键字声明过程级变量，在不同的过程中可以声明名称相同的过程级变量，各个过程中的同名变量彼此互不影响。过程运行结束后，过程级变量中存储的值会被清空并恢复为变量的初始值。

下面的代码说明了过程级变量的声明方式，以及在过程运行期间变量中存储的数据变化情况。两个过程都包含名为 intSum 的变量，运行第一个过程时，在对话框中显示 intSum 变量的值为 1，运行第二个过程时，在对话框中显示 intSum 变量的值为 10。这两个过程无论运行多少次，两个变量的值始终都是 1 和 10。这是因为过程级变量中的值仅在过程运行期间有效，一旦过程运行结束，过程级变量中的值就会消失。每次重新运行过程时都会将过程级变量的值设置为与其数据类型对应的初始值，本例中变量的数据类型是 Integer，其初始值为 0，因此两个过程每次的运行结果都是 1 和 10。

```
Sub 过程级变量()
    Dim intSum As Integer
    intSum = intSum + 1
    MsgBox intSum
End Sub

Sub 过程级变量2()
    Static intSum As Integer
    intSum = intSum + 10
    MsgBox intSum
End Sub
```

2．模块级变量

在模块顶部的声明部分使用 Dim、Static 或 Private 关键字声明的变量是模块级变量，模块中的任何一个过程都可以使用模块级变量。只要不关闭工作簿，模块级变量中存储的值会一直存在。如果声明了一个模块级变量，同时在该模块中的某个过程内还声明了一个相同名称的过程级变量，该过程将只会使用过程级变量，而忽略同名的模块级变量。

下面的代码声明了一个模块级变量 intSum，模块中的两个过程都可以使用该变量。运行第一个过程后，intSum 变量的值为 1。由于 intSum 变量是模块级的，因此在运行第二个

过程时，将使用该变量的当前值 1 作为初始值，而不是 0。第二个过程运行结束时，intSum
变量的值变为 11。

```
Option Explicit
Dim intSum As Integer

Sub 模块级变量()
    intSum = intSum + 1
    MsgBox intSum
End Sub

Sub 模块级变量2()
    intSum = intSum + 10
    MsgBox intSum
End Sub
```

提示： 如果希望让过程级变量具有模块级变量的生存期，需要在过程内部使用 Static 关键
字声明过程级变量。

3．工程级变量

如果希望变量可以被当前工程的所有模块中的所有过程使用，需要在模块顶部的声明部分
使用 Public 关键字声明变量。工程级变量中存储的值在工作簿打开期间始终可用。

通常应该在 VBA 的标准模块中声明工程级变量。如果在工作簿模块（如 ThisWorkbook）
或工作表模块（如 Sheet1）顶部的声明部分使用 Public 关键字声明工程级变量，在其他模块
中使用该变量时，需要在变量前添加工作簿或工作表对象名称的限定。例如，下面的代码在
ThisWorkbook 模块顶部的声明部分声明了一个工程级变量：

```
Public strAppName As String
```

当在其他模块中使用该变量时，需要为其添加 ThisWorkbook 的限定，如下所示：

```
ThisWorkbook.strAppName = "人事管理系统"
```

9.1.8　创建 Sub 过程和 Function 过程

在介绍 VBA 程序的基本结构时曾经介绍过，一个可以正常运行的 VBA 程序由一个或多个
过程组成。换言之，过程是 VBA 程序的最小组织单元。使用过程的主要原因是为了简化代码的
复杂程度。当需要在一个程序中完成多个任务时，将用于完成不同单一任务的代码分别组织到
多个独立的过程中，比在一个过程中包含完成所有任务的代码，要更加便于代码的编写、调试
以及随时可能需要进行的修改。

模块中可以包含任意数量的过程，除了在过程中放置用于完成具体任务的 VBA 代码外，
其他一些代码需要放置到模块顶部的声明部分，比如模块级变量的声明、Option Base 语句等。

1．创建过程

过程可以是 Sub 过程、Function 过程或事件过程，无论哪种类型的过程，都由以下两部
分组成：

- 过程框架：过程框架由过程的开始语句和结束语句组成，在开始语句中定义了过程的类
  型、名称、参数、作用域，结束语句作为一个过程结束的边界限定。
- 实现具体功能的代码：用于完成特定任务或实现特定功能的 VBA 代码。

下面列出了创建 Sub 过程和 Function 过程的语法结构，这两类过程的语法结构类似，体现在声明方式、调用方式、过程包含的参数声明和传递方式等方面，但是它们之间存在着以下两个主要区别：

- 由于 Function 过程可以有返回值，因此可以在 Function 过程框架的开始语句中使用 As 关键字指定返回值的数据类型，而在创建 Sub 过程时不需要为其指定数据类型。
- 为了通过 Function 过程名返回过程的运行结果，必须在 Function 过程中包含将运行结果赋值给 Function 过程名的代码，而在 Sub 过程中不需要这样的代码。如果没有为 Function 过程名使用赋值语句进行赋值，则 Function 过程没有返回值。

Sub 过程的语法结构：

```
[Private | Public] [Static] Sub name [(arglist)]
[statements]
[Exit Sub]
[statements]
End Sub
```

Function 过程的语法结构：

```
[Public | Private] [Static] Function name [(arglist)] [As type]
[statements]
[name = expression]
[Exit Function]
[statements]
[name = expression]
End Function
```

Sub 过程和 Function 过程的语法结构中包含的各部分说明如下：

- Private：可选，表示声明的是一个私有的 Sub 过程或 Function 过程，只有在该过程所在的模块中的其他过程可以访问该过程，其他模块中的过程无法访问该过程。
- Public：可选，表示声明的是一个公共的 Sub 过程或 Function 过程，所有模块中的所有其他过程都可以访问该过程。如果在包含 Option Private Module 语句的模块中声明该过程，即使该过程使用了 Public 关键字，也仍然会变为私有过程。
- Static：可选，在 Sub 过程或 Function 过程运行结束后，过程中变量所具有的值会被保留下来。
- Sub：必选，表示 Sub 过程的开始。
- Function：必选，表示 Function 过程的开始。
- name：必选，Sub 过程或 Function 过程的名称，与变量的命名规则相同。
- arglist：可选，在一对圆括号中可以包含一个或多个参数，这些参数用于向 Sub 过程或 Function 过程传递数据以供过程处理，多个参数之间以逗号分隔。如果过程不包含任何参数，必须保留一对空括号。
- type：可选，Function 函数的返回值的数据类型。
- statements：可选，Sub 过程中包含的 VBA 代码。
- expression：可选，Function 过程的返回值。
- Exit Sub：可选，中途退出 Sub 过程。
- Exit Function：可选，中途退出 Function 过程。
- End Sub：必选，表示 Sub 过程的结束。

● End Function：必选，表示 Function 过程的结束。

下面是一个 Sub 过程的示例，除了过程框架之外，该过程只包含一行代码，运行该过程将在对话框中显示当前 Office 应用程序的用户名。

```
Sub 显示用户名()
    MsgBox Application.UserName
End Sub
```

下面是一个 Function 过程的示例，用于计算数字的平方根。该过程包含一个参数 number，表示要计算平方根的数字。在 Function 过程的第一行代码中使用 As 关键字将该过程的返回值指定为 Double 数据类型。

```
Function Sqr(number) As Double
    Sqr = number ^ (1 / 2)
End Function
```

提示：由于本例创建的 Function 过程与 VBA 内置的 Sqr 函数同名，因此如果在代码中使用 VBA 内置的 Sqr 函数，需要在函数名前添加类型库的限定符，即 VBA.Sqr。这种用法适用于所有由用户创建的 Function 过程与 VBA 内置函数同名的情况。

2．过程的作用域

与变量的作用域类似，过程也有作用域，但是只有模块级和工程级两种。以 Private 关键字开头的过程是模块级过程（私有过程），以 Public 关键字开头的过程是工程级过程（公有过程）。如果过程开头既没有 Private 关键字也没有 Public 关键字，该过程默认为公有过程。公有过程可被其所在工程的任何模块中的任何过程调用，而私有过程只能被其所在模块中的过程调用。

在标准模块中创建的过程通常都是公有过程，录制的宏也是公有过程。在 ThisWorkbook、Sheet、用户窗体等模块中的事件过程都是私有过程。如果不想让创建的过程显示在"宏"对话框中，可以将该过程创建为私有过程，或在创建该过程时为其提供参数。

3．调用Sub过程和Function过程

复杂任务的最佳编程方式是将其分解为多个相对独立的简单任务，然后将每一个简单任务作为一个独立的过程来编写代码，最后在一个主过程中按照任务执行的先后顺序依次调用这些过程。使用这种分解后再重组的方式，可使复杂的编程问题简单化，程序的组织结构更清晰也更灵活，而且便于代码的调试和修改。

除了复杂的编程问题之外，平时还会经常遇到一些需要重复执行的操作，比如判断文件是否存在、打开指定名称的文件等。虽然这些操作每次要处理的对象不同，但是处理方式完全相同。为了避免在不同的过程中重复编写具有相同或相似功能的代码，应该将这类代码放置在单独的过程中，然后在其他过程中进行调用。

可以将调用其他过程的过程称为主调过程，将被调用的过程称为被调过程。调用 Sub 过程和 Function 过程有以下两种方法：

● 只输入过程名进行调用。如果过程包含参数，需要输入过程名及其参数。如果过程包含多个参数，各参数之间使用逗号分隔。

● 输入 Call 关键字和过程名进行调用。如果过程包含参数，需要输入过程名及其参数，并将所有参数放置到一对圆括号中，参数之间以逗号分隔。

下面的代码使用第一种方法调用名为"退出提示"的 Sub 过程，名为"主过程"的 Sub 过

程是主调过程，名为"退出提示"的 Sub 过程是被调过程。

```
Sub 主过程()
    退出提示
End Sub

Sub 退出提示()
    MsgBox "退出程序吗？", vbYesNo + vbQuestion, "退出"
End Sub
```

也可以使用 **Call** 语句调用过程，如下所示：

```
Call 退出提示
```

如果过程包含参数，在调用过程时还需要提供参数的值。下面的"退出提示"过程包含两个参数，用于指定对话框的标题和内容。在直接使用过程名的方式调用该过程时，过程的参数直接输入在过程名的右侧，两个参数之间使用逗号分隔。在使用 **Call** 关键字调用该过程时，需要将过程的两个参数放置在一对圆括号中。

```
Sub 主过程()
    退出提示 "是否退出？", "退出程序"
End Sub

Sub 主过程2()
    Call 退出提示("是否退出？", "退出程序")
End Sub

Sub 退出提示(prompt, title)
    MsgBox prompt, vbYesNo + vbQuestion, title
End Sub
```

如果同名的被调过程不止一个，或者被调过程与主调过程具有相同的名称，为了可以正确调用被调过程，需要在被调过程前添加其所在模块的名称以指明被调过程的来源。假设工程中包含"模块 1"和"模块 2"两个模块，模块 1 和模块 2 中都有一个名为"退出提示"的过程，模块 1 中还有一个名为"主过程"的过程。如果需要在"主过程"中调用模块 2 中的"退出提示"过程，可以使用下面的代码：

```
Sub 主过程()
    模块2.退出提示
End Sub
```

前面的示例是以调用 Sub 过程为主来介绍调用过程的方法。调用 Function 过程的方法与调用 Sub 过程类似，但是如果需要在后面的代码中使用 Function 过程的返回值，在调用 Function 过程时需要使用等号连接变量和 Function 过程名，以便将 Function 过程的返回值赋值给变量。

下面的示例创建了一个用于计算数字平方根的 Function 过程，通过调用该 Function 过程来计算任一给定数字的平方根，并在对话框中显示计算结果，效果如图 9-20 所示。

图 9-20　调用 Function 过程计算任一给定数字的平方根

完成本例的操作步骤如下：

（1）新建一个 Excel 工作簿，将其保存为"Excel 启用宏的工作簿"格式。

（2）按 Alt+F11 快捷键打开 VBE 窗口，在与该工作簿对应的工程中添加一个标准模块。双击该标准模块打开其代码窗口，然后输入下面的代码：

```
Sub 主过程()
    Dim varNumber As Variant, dblSqr As Double
    varNumber = InputBox("请输入一个数字：")
    If IsNumeric(varNumber) Then
        dblSqr = Sqr(varNumber)
        MsgBox "数字" & varNumber & "的平方根是：" & dblSqr
    End If
End Sub

Function Sqr(number) As Double
    Sqr = number ^ (1 / 2)
End Function
```

代码说明：InputBox 是 VBA 的一个内置函数，用于产生一个可接收用户输入的对话框，在用户单击"确定"按钮后，该函数将返回用户输入的内容。为了避免对文本进行数学计算时出现错误，需要使用 VBA 内置函数 IsNumeric 检查 InputBox 函数的返回值是否是一个数字，如果是，则使用名为 Sqr 的 Function 过程计算数字的平方根，最后在对话框中显示计算结果。MsgBox 也是 VBA 的一个内置函数，用于显示由用户指定的信息。InputBox 函数和 MsgBox 函数是用户与 VBA 进行简单交互的工具。

（3）将插入点定位到名为"主过程"的 Sub 过程的范围内，然后按 F5 键运行该过程，在弹出的对话框中输入一个数字，单击"确定"按钮后将显示该数字的平方根。

注意：为了节省篇幅，本小节后面的示例不再重复给出操作步骤。

4．向过程传递参数

可以将变量、常量、对象等不同类型的内容作为参数传递给过程，正如在前面示例中看到的。一个过程可以包含一个或多个参数，这些参数可以是必选参数，也可以是可选参数。必选参数是指在调用过程时必须赋值的参数，可选参数是指在调用过程时不是必须为参数赋值。

向过程传递参数时可以采用传址和传值两种方式。传址是指传递到过程内部的是变量本身，过程中的代码对变量的修改不止局限于过程内，而且还会影响过程外的代码，相当于过程内、外共享这个变量。传值是指传递到过程内部的是变量的副本，过程中的代码对变量的修改只限于过程内，而不会对过程外的其他过程有任何影响。参数的传递方式由 ByRef 关键字和 ByVal 关键字指定，使用 ByRef 关键字表示参数是传址的，使用 ByVal 关键字表示参数是传值的。如果省略这两个关键字，默认为传址方式。

下面的代码是对比参数的传址和传值之间的区别，运行名为"主过程"的 Sub 过程，效果如图 9-21 所示。

图 9-21　参数的传址和传值

```
Sub 主过程()
    Dim intNumber1 As Integer, intNumber2 As Integer
    Dim strMsg As String
    intNumber1 = 1
    intNumber2 = 1
    GetSum intNumber1, intNumber2
    strMsg = "intNumber1=" & intNumber1 & vbCrLf
    strMsg = strMsg & "intNumber2=" & intNumber2
    MsgBox strMsg
End Sub

Sub GetSum(ByRef number1, ByVal number2)
    number1 = number1 + 1
    number2 = number2 + 1
End Sub
```

代码说明：由于在被调过程 GetSum 中使用 ByRef 关键字将 number1 参数指定为传址的，因此在主调过程中调用 GetSum 过程并将 intNumber1 变量传递给该过程时，在 GetSum 过程中对 intNumber1 变量加 1 后，该变量的值会被保存并传回主调过程。由于 intNumber1 变量的初始值为 1，因此该变量的最终结果为 2。在被调过程 GetSum 中使用 ByRef 关键字将 number2 参数指定为传值的，因此在主调过程中将 number2 变量传递给 GetSum 过程时，在该过程中对 number2 变量执行的运算不会传回主调过程，因此 intNumber2 变量的最终结果仍是 1，与其初始值相同。

9.1.9　使用分支结构进行选择判断

录制的宏只能按照录制过程中用户的操作步骤，从宏的第一行代码逐行运行到最后一行代码。录制宏虽然方便且无须手动编写任何代码，但是缺乏灵活性，因为不能根据特定的条件有选择地运行不同部分的代码。用户可以使用 VBA 中的 If Then 和 Select Case 两种分支结构在VBA 程序中设置条件来控制程序的运行流程，而且还可以避免程序出现某些错误。

例如，在对一个变量执行数学运算前，先在 If Then 分支结构中使用 IsNumeric 函数检查变量中的值是否是一个数字，从而可以避免对文本执行数学运算时产生的运行时错误。如果不使用分支结构，就无法检查可能出现的各种异常状况并提前进行预防性处理。

1．If Then分支结构

If Then 分支结构根据条件是否成立来选择执行不同的代码。如果条件的判断结果为 True，说明条件成立；如果条件的判断结果为 False，说明条件不成立。If Then 分支结构有以下 3 种形式：

- If Then 语句：只在条件成立时执行操作。
- If Then Else 结构：在条件成立和不成立时分别执行不同的操作。
- If Then ElseIf 结构：处理多个条件。

If Then 语句用于在条件成立时执行指定的代码。如果条件不成立，则不执行任何代码。要判断的条件位于 If 关键字与 Then 关键字之间，要执行的代码位于 Then 关键字之后，语法格式如下：

```
If 要判断的条件 Then 条件成立时执行的代码
```

下面的代码判断在对话框中输入的用户名是否是 admin，如果是则显示欢迎信息，否则什么也不显示，效果如图 9-22 所示。

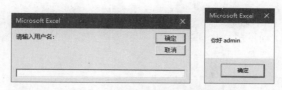

图 9-22　输入正确的用户名显示欢迎信息

```
Sub 显示欢迎信息()
    Dim strUserName As String
    strUserName = InputBox("请输入用户名: ")
    If LCase(strUserName) = "admin" Then MsgBox "你好 " & strUserName
End Sub
```

代码说明：为了成功匹配具有不同大小写形式的 admin，可以使用 VBA 内置的 Lcase 函数或 Ucase 函数将用户输入的内容转换为全部小写或全部大写，然后与 admin 或 ADMIN 进行比较，如果完全一致，说明用户输入的依次是 admin 这 5 个字母，而忽略每个字母的大小写形式。

技巧：VBA 默认使用二进制方式来比较字符串，因此同一个字母的不同大小写形式会被认为是不同的。如果希望模块中的所有过程都使用不区分大小写的字符串比较方式，需要在模块顶部的声明部分输入下面的代码：

```
Option Compare Text
```

如果需要在条件成立时执行多行代码，可以使用块状的 **If Then** 分支结构，此时将要执行的代码放在 If 语句下方的一行或多行中，还要使用 End If 语句明确表示 If Then 分支结构的结束。不需要手动输入 End If 语句，只需先输入 **If Then** 语句，按 Enter 键后会自动添加 End If 语句。每一个块状的 **If Then** 分支结构都必须有一组配对的 **If** 和 **End If** 语句。

下面的代码判断在对话框中输入的用户名是否是 admin，如果是则显示欢迎信息和登录次数，否则什么也不显示，效果如图 9-23 所示。

图 9-23　条件成立时执行多行代码

```
Sub 显示欢迎信息和登录次数()
    Dim strUserName As String, strMsg As String
    Static intLogin As Integer
    strUserName = InputBox("请输入用户名: ")
    If LCase(strUserName) = "admin" Then
        intLogin = intLogin + 1
        strMsg = "你好 " & strUserName & vbCrLf
        strMsg = strMsg & "这是第" & intLogin & "次登录"
        MsgBox strMsg
    End If
End Sub
```

代码说明：使用 Static 关键字声明记录登录次数的变量，是为了在工作簿打开期间每次执行过程时都能保留该变量中的值。

如果希望在条件成立和不成立时分别执行不同的代码，可以在 If Then 分支结构中使用 Else 子句，语法格式如下：

```
If 要判断的条件 Then
     条件成立时执行的代码
Else
     条件不成立时执行的代码
End If
```

下面的代码判断在对话框中输入的用户名是否是 admin，如果是则显示欢迎信息，否则显示登录失败的次数。

```
Sub 显示欢迎信息或登录失败的次数()
    Dim strUserName As String
    Static intLogin As Integer
    strUserName = InputBox("请输入用户名: ")
    If LCase(strUserName) = "admin" Then
        MsgBox "你好 " & strUserName
    Else
        intLogin = intLogin + 1
        MsgBox "这是第" & intLogin & "次登录失败"
    End If
End Sub
```

可以使用逻辑运算符将多个条件组合在一起，以实现同时满足多个条件或多个条件之一的情况。

下面的代码判断是否同时满足输入的用户名是 admin，以及登录次数未超过 3 次这两个条件，如果是则显示欢迎信息，否则什么也不显示。

```
Sub 显示欢迎信息()
    Dim strUserName As String
    Static intLogin As Integer
    strUserName = InputBox("请输入用户名: ")
    intLogin = intLogin + 1
    If LCase(strUserName) = "admin" And intLogin <= 3 Then
        MsgBox "你好 " & strUserName
    End If
End Sub
```

代码说明：使用逻辑运算符 And 连接两个条件，只有这两个条件都为 True 时，整个 And 表达式才为 True。

提示：表达式由变量、常量、函数、运算符等不同类型的内容组成，用于执行数学计算、文本处理、数据测试等。

如果需要对多个条件进行判断，并根据判断结果执行不同的代码，可以使用多层嵌套的 If Then 分支结构。

下面的代码判断是否同时满足输入的用户名是 admin，以及登录次数未超过 3 次这两个条件，如果是则显示欢迎信息，否则什么也不显示。

```
Sub 显示欢迎信息()
    Dim strUserName As String
```

```
        Static intLogin As Integer
        strUserName = InputBox("请输入用户名: ")
        intLogin = intLogin + 1
        If LCase(strUserName) = "admin" Then
            If intLogin <= 3 Then
                MsgBox "你好 " & strUserName
            End If
        End If
End Sub
```

代码说明：本例代码所实现的功能与上一个示例类似，但是在 If 条件中没有使用逻辑运算符 And，而是使用嵌套的 If Then 分支结构实现多条件判断。

如果需要判断的条件在两个以上，可以使用 **If Then ElseIf** 结构，根据条件的数量可以包含多个 **ElseIf** 子句。

下面的代码根据用户输入的内容显示不同的欢迎信息。

```
Sub 显示欢迎信息()
    Dim strUserName As String
    Static intLogin As Integer
    strUserName = InputBox("请输入用户名: ")
    If LCase(strUserName) = "admin" Then
        MsgBox "你好 管理员"
    ElseIf LCase(strUserName) = "user" Then
        MsgBox "你好 普通用户"
    ElseIf LCase(strUserName) = "anonymous" Then
        MsgBox "你好 匿名用户"
    Else
        MsgBox "无效的用户名"
    End If
End Sub
```

2．Select Case分支结构

当需要判断一个表达式的多个不同值时，使用 Select Case 分支结构可以让代码更清晰。Select Case 分支结构也可以嵌套使用，即在一个 Select Case 分支结构中包含另一个 Select Case 分支结构，还可以和 If Then 分支结构嵌套使用。Select Case 分支结构的语法格式如下：

```
Select Case 要判断的表达式
    Case 表达式的第1个值
        满足第1个值时执行的代码
    Case 表达式的第2个值
        满足第2个值时执行的代码
    Case 表达式的第n个值
        满足第n个值时执行的代码
    Case Else
        不满足前面列出的所有值时执行的代码
End Select
```

下面的代码使用 Select Case 分支结构对上一个示例进行了修改，根据用户输入的内容显示不同的欢迎信息。

```
Sub 显示欢迎信息()
    Dim strUserName As String
    Static intLogin As Integer
```

```
        strUserName = InputBox("请输入用户名: ")
        Select Case LCase(strUserName)
            Case "admin"
                MsgBox "你好 管理员"
            Case "user"
                MsgBox "你好 普通用户"
            Case "anonymous"
                MsgBox "你好 匿名用户"
            Case Else
                MsgBox "无效的用户名"
        End Select
    End Sub
```

可以在 Select Case 分支结构的每个 Case 语句中对多个值进行判断，各个值之间使用逗号分隔，如下所示：

```
Sub 显示欢迎信息()
    Dim strUserName As String
    Static intLogin As Integer
    strUserName = InputBox("请输入用户名: ")
    Select Case LCase(strUserName)
        Case "admin", "user", "anonymous"
            MsgBox "你好 授权用户"
        Case Else
            MsgBox "无效用户"
    End Select
End Sub
```

可以在 Case 语句中使用 To 关键字指定值的范围，或使用 Is 关键字将 Select Case 分支结构中正在判断的表达式的值与指定值进行比较。

下面的代码判断用户输入的数字在哪个区间范围内，并返回相应的折扣率。

```
Sub 计算折扣率()
    Dim strQuantity As String, dblDiscount As Single
    strQuantity = InputBox("请输入数量: ")
    If IsNumeric(strQuantity) Then
        Select Case Val(strQuantity)
            Case Is <= 10: dblDiscount = 0.1
            Case 11 To 30: dblDiscount = 0.2
            Case Is > 30: dblDiscount = 0.3
        End Select
    End If
    MsgBox "折扣率是: " & Format(dblDiscount, "0.00")
End Sub
```

代码说明：在 Case 子句中使用 Is 关键字和 To 关键字指定不同的数值范围，本例一共包括 3 个范围："Is<=10"表示用户输入的数字是否小于等于 10，"11 To 30"表示用户输入的数字是否在 11 到 30 之间，"Is>30"表示用户输入的数字是否大于 30。本例使用冒号将两行代码连接并放置在一行中。

9.1.10　使用循环结构重复相同操作

在很多实际应用中，经常会遇到需要重复执行特定操作的情况，有些操作可能预先知道要重复执行的次数，而另一些操作可能知道在什么条件下开始执行或结束执行。可以使用 VBA 中的 For Next 和 Do Loop 两种循环结构来控制需要重复执行的操作。

1. For Next循环结构

如果预先知道操作要重复执行的次数，可以使用 For Next 循环结构，语法格式如下：

```
For counter = start To end [Step step]
    [statements]
[Exit For]
    [statements]
Next [counter]
```

- counter：必选，用于循环计数器的数值变量，循环计数器的值将在循环期间不断递增或递减。作为循环计数器的变量不能是 Boolean 数据类型，也不能是数组元素。
- start：必选，循环计数器的初始值。
- end：必选，循环计数器的终止值。
- Step：可选，循环计数器的步长，省略该参数则其值默认为 1。如果设置该参数，需要按 "Step 步长值" 的格式输入，其中的 "步长值" 几个字需要替换为实际的值。步长值可为正数也可为负数，如果为正数，每循环一次都会计算循环计数器与步长值之和；如果为负数，每循环一次都会计算循环计数器与步长值之差；当循环计数器的当前值大于或小于终止值时，将退出 For Next 循环结构并继续执行后面的代码。
- statements：可选，在 For Next 循环结构中包含的 VBA 代码，它们将被执行指定的次数。
- Exit For：可选，随时中途退出 For Next 循环结构。

下面的代码计算 1 到 10 之间的所有整数之和。

```
Sub 计算1到10之间的所有整数之和()
    Dim intCounter As Integer, intSum As Integer
    For intCounter = 1 To 10
        intSum = intSum + intCounter
    Next intCounter
    MsgBox "1到10之间的所有整数之和是: " & intSum
End Sub
```

代码说明：循环计数器的起始值为 1，终止值为 10。由于计算的是连续的整数，因此 For Next 循环结构的步长值为 1，即默认步长值，因此可以省略 Step 参数。

下面的代码计算 1 到 10 之间的所有偶数之和。

```
Sub 计算1到10之间的所有偶数之和()
    Dim intCounter As Integer, intSum As Integer
    For intCounter = 0 To 10 Step 2
        intSum = intSum + intCounter
    Next intCounter
    MsgBox "1到10之间的所有偶数之和是: " & intSum
End Sub
```

代码说明：由于 1 到 10 之间的偶数是 2、4、6、8、10，两个相邻偶数之差都是 2，因此需要将步长值设置为 2，而且需要将初始值设置为 0 而不是 1，才能正确计算所有偶数。

还可以使用另一种方法计算 1 到 10 之间的所有偶数之和，这种方法需要使用 VBA 的 Mod 运算符的求余功能来判断每一个数字是否是偶数，如果是则进行累加，从而计算出所有偶数之和。如果一个数字除以 2 后的余数为 0，说明该数字是偶数。代码如下：

```
Sub 计算1到10之间的所有偶数之和2()
    Dim intCounter As Integer, intSum As Integer
    For intCounter = 1 To 10
        If intCounter Mod 2 = 0 Then
            intSum = intSum + intCounter
        End If
    Next intCounter
    MsgBox "1到10之间的所有偶数之和是: " & intSum
End Sub
```

如果需要在满足特定条件时立刻退出循环，可以在 For Next 循环结构中嵌套 If Then 分支结构，并在该分支结构中使用 Exit For 语句退出循环。

下面的代码计算数字 1 到 10 之间的所有整数之和，当总和大于等于 30 时停止累加，并显示当前累加到的数字，效果如图 9-24 所示。

图 9-24　达到特定总和时累加到的数字

```
Sub 获取达到特定总和时累加到的数字()
    Dim intCounter As Integer, intSum As Integer
    For intCounter = 1 To 10
        intSum = intSum + intCounter
        If intSum >= 30 Then Exit For
    Next intCounter
    MsgBox "总和达到30时累加到的数字是: " & intCounter
End Sub
```

代码说明：使用 If 语句判断当前累积到的总和是否大于等于 30，如果是则执行 Exit For 语句退出循环，并在对话框中显示退出 For Next 循环时循环计数器的当前值，该值就是当前累加到的数字。

2．Do Loop循环结构

如果预先不知道要循环的次数，但是知道在什么情况下开始循环或停止循环，可以使用 Do Loop 循环结构。Do Loop 循环结构包括 Do While 和 Do Until 两种形式。Do While 用于当条件成立时开始循环，条件不成立时终止循环的情况。Do Until 用于直到条件成立时终止循环的情况，即在条件不成立时执行循环，一旦条件成立则退出循环。

无论是 Do While 还是 Do Until，都可以在执行循环结构中的代码前先判断条件，或者先执行一次循环结构中的代码后再判断条件，条件判断的先后顺序取决于将 While 关键字和 Until 关键字放置在 Do Loop 循环结构的开头还是结尾，具体形式如表 9-3 所示。

表 9-3　Do Loop 循环结构的 4 种形式

Do While	Do Until
Do While 要判断的条件 条件成立时执行的代码 Loop	Do Until 要判断的条件 条件不成立时执行的代码 Loop

续表

Do While	Do Until
Do 条件成立时执行的代码 Loop While 要判断的条件	Do 条件不成立时执行的代码 Loop Until 要判断的条件

下面的代码判断在对话框中输入的用户名是否是 admin，如果是则显示欢迎信息，否则什么也不显示。

```
Sub 验证用户名()
    Dim strUserName As String
    Do
        strUserName = InputBox("请输入用户名：")
    Loop While LCase(strUserName) <> "admin"
    MsgBox "用户名正确，欢迎" & strUserName
End Sub
```

如果希望在满足指定条件时退出 Do While 循环，可以使用 Exit Do 语句。在上面的示例中，只有输入任意大小写形式的 Admin 才会退出循环，即使单击对话框中的"取消"按钮也无法退出循环。正常情况下允许用户在单击"取消"按钮时关闭对话框并退出程序，因此需要在 Do While 循环中加入检测 InputBox 函数的返回值是否为空的判断条件，如果返回值为空，使用 Exit Do 语句退出 Do While 循环，代码如下：

```
Sub 验证用户名2()
    Dim strUserName As String
    Do
        strUserName = InputBox("请输入用户名：")
        If strUserName = "" Then Exit Do
    Loop While LCase(strUserName) <> "admin"
    If strUserName <> "" Then MsgBox "欢迎" & strUserName & "登录系统！"
End Sub
```

提示：如果在对话框中未输入任何内容并单击"确定"按钮，也会执行 Exit Do 语句退出循环。因此需要在循环外检查 InputBox 函数的返回值是否为空，如果不为空，说明用户输入了用户名，此时才会显示欢迎信息。

下面的代码所实现的功能与前面的示例相同，但是使用 Do Until 代替了 Do While，而且也可以在 Do Until 循环结构中使用 Exit Do 语句在满足特定条件时退出循环。

```
Sub 验证用户名3()
    Dim strUserName As String
    Do
        strUserName = InputBox("请输入用户名：")
    Loop Until Lcase(strUserName) = "admin"
    MsgBox "欢迎" & strUserName & "登录系统！"
End Sub
```

9.1.11　使用数组

普通变量只能存储一个数据，如果需要在一个变量中存储多个数据，可以使用数组。数组中的每一个数据都是数组的一个元素，每个元素在数组中都有唯一的索引号，它表示数组元素的次序或位置，使用数组名称和索引号可以表示特定的数组元素。按数组的维数可以将数组划分为一维数组、二维数组和多维数组，按数组的使用方式可以将数组划分为静态数组和动态数组。

一维数组中的数据排列在一行或一列中。数据排列在一行中的数组称为一维水平数组，数组元素之间以逗号分隔。数据排列在一列中的数组称为一维垂直数组，数组元素之间以分号分隔。下面列出的两个数组包含相同的元素，第一个是一维水平数组，第二个是一维垂直数组。

```
{1,2,3,4,5,6}
{1;2;3;4;5;6}
```

如果数组元素是字符串，需要使用双引号将字符串括起，如下所示：

```
{"第一名","第二名","第三名"}
```

二维数组中的数据同时排列在行和列中，水平方向上的数组元素以逗号分隔，垂直方向上的数组元素以分号分隔。下面的二维数组由 3 行 2 列组成，第一行包含数字 1 和 2，第二行包含数字 3 和 4，第三行包含数字 5 和 6。

```
={1,2;3,4;5,6}
```

提示： 除了一维数组和二维数组，还存在三维或更多维数组，但是最常用的是一维数组和二维数组。

1. 声明一维数组

声明一维数组的方法与声明普通变量类似，可以使用 Dim Static、Private、Public 关键字，这些关键字决定了数组拥有不同的作用域。与声明普通变量不同的是，需要在声明的数组名称右侧包含一对圆括号，并在其中输入表示数组上界的数字。上界是数组可以使用的最大索引号。

下面的代码声明了一个名为 Numbers 的数组，其上界为 2。由于没有明确指定数组的数据类型，因此默认为 Variant 类型。变量名开头的 avar 表示两层含义，开头的字母 a 表示该变量是一个数组，之后的 var 表示该变量的数据类型是 Variant。

```
Dim avarNumbers(2)
```

如果将数组声明为 Variant 数据类型，数组中的所有元素可以是同一种数据类型，也可以是不同的数据类型。如果将数组声明为特定的数据类型，比如 Integer，数组中的所有元素都必须是该数据类型。下面的代码将数组声明为 Integer 数据类型：

```
Dim aintNumbers(2) As Integer
```

要引用数组中的元素，需要使用数组名和一对圆括号，并在括号中放置该元素的索引号。下面的代码引用数组中索引号为 1 的数组元素。

```
aintNumbers(1)
```

需要注意的是，索引号为 1 的数组元素不一定是数组中的第一个元素。这是因为在默认情况下，数组元素的索引号从 0 开始而不是 1，因此前面声明的 aintNumbers 数组包括以下 3 个元素：

```
aintNumbers(0)
aintNumbers(1)
aintNumbers(2)
```

如果需要让数组元素的索引号从 1 开始，可以使用以下两种方法：

- 声明数组时使用 To 关键字，显式指定数组的下界和上界，如下所示：

```
Dim aintNumbers(1 To 3) As Integer
```

- 在模块顶部的声明部分输入下面的语句，在该模块的任意过程中声明数组的下界都将默认为 1。

```
Option Base 1
```

提示： 下界是数组第一个元素的索引号，上界是数组最后一个元素的索引号。

可以使用 VBA 内置的 LBound 函数和 UBound 函数检查数组的下界和上界，这样可以避免由 Option Base 1 语句和数组声明方式所带来的数组上、下界的不确定性，并且可以组合使用 LBound 函数和 UBound 函数来计算数组包含的元素总数。

下面的代码计算任意给定的数组所包含的元素总数，无论是否在模块顶部的声明部分使用 Option Base 1 语句，计算出的元素总数都正确无误。

```
Sub 计算数组包含的元素总数()
    Dim aintNumbers(2) As Integer
    Dim intCount As Integer
    intCount = UBound(aintNumbers) - LBound(aintNumbers) + 1
    MsgBox "数组包含的元素总数是: " & intCount
End Sub
```

2. 声明二维数组

声明二维数组的方法与声明一维数组类似，但是由于比一维数组多了一个维度，因此在声明二维数组时，需要在数组名称右侧的圆括号中输入表示两个维度上界的数字，第一个数字表示数组第一维的上界，第二个数字表示数组第二维的上界，两个数字之间以逗号分隔。或者可以在每个维度中使用 To 关键字显式指定各维度的下界和上界。

下面的代码声明了一个二维数组，该数组第一维的上界是 2，第二维的上界是 5。如果模块顶部的声明部分没有使用 Option Base 1 语句，该数组两个维度的下界都是 0，该数组共包含 3×6=18 个元素。

```
Dim aintNumbers(2, 5) As Integer
```

如果不希望让数组的下界受到 Option Base 1 语句的影响，可以使用 To 关键字显式指定数组的下界和上界，如下所示：

```
Dim aintNumbers(1 To 3, 1 To 6) As Integer
```

当引用二维数组中的元素时，需要同时使用两个维度上的索引号来定位一个特定的数组元素。可以将二维数组中的第一维看作行，将第二维看作列。如果在模块顶部的声明部分没有使用 Option Base 1 语句，下面的代码将在对话框中显示 aintNumbers 数组中位于第 1 行第 2 列的元素。

```
Dim aintNumbers(2, 5) As Integer
MsgBox aintNumbers(0, 1)
```

可以使用 LBound 函数和 Ubound 函数检查二维数组的下界和上界。由于二维数组包含两个维度，因此必须在 LBound 函数和 Ubound 函数的第二参数中指定要检查的是哪个维度的下界和上界。下面的代码显示 aintNumbers 数组第二维的下界：

```
MsgBox LBound(aintNumbers,2)
```

3. 为数组赋值

为数组赋值与为普通变量赋值类似，需要在等号的左侧输入数组名称，在等号的右侧输入要赋的值。由于数组包含多个元素，因此在赋值时需要为数组中的每一个元素分别赋值。下面的代码将数字 1、2、3 分别赋值给 aintNumbers 数组中的 3 个元素：

```
Dim aintNumbers(2) As Integer
aintNumbers(0) = 1
aintNumbers(1) = 2
aintNumbers(2) = 3
```

对于有规律的数据，可以使用循环结构为数组元素批量赋值。下面的代码使用 For Next 循环结构为数组元素批量赋值。使用 Lbound 函数和 Ubound 函数获取数组的下界和上界，并将这两个值作为 For Next 循环计数器的初始值和终止值，这样无论在模块顶部的声明部分是否使用 Option Base 1 语句，代码都能正确运行。

```
Sub 使用循环结构为数组元素批量赋值()
    Dim aintNumbers(2) As Integer, intIndex As Integer
    For intIndex = LBound(aintNumbers) To UBound(aintNumbers)
        aintNumbers(intIndex) = intIndex + 1
    Next intIndex
End Sub
```

如果无法使用循环结构批量将数据赋值给数组，可以使用 VBA 内置的 Array 函数进行赋值。可以使用 Array 函数创建一个数据列表，并将该列表赋值给一个 Variant 数据类型的变量，从而创建一个包含列表中所有数据的数组并自动完成赋值操作。下面的代码使用 Array 函数将表示文件名的 3 个字符串赋值给 Variant 数据类型的 avarFileNames 变量：

```
avarFileNames = Array("1月销量", "2月销量", "3月销量")
```

注意：如果声明的数组要使用 Array 函数进行赋值，该数组必须声明为 Variant 数据类型，并且在数组名称右侧不能包含圆括号以及数组的上、下界。

使用 Array 函数创建并赋值一个数组后，可以使用 For Next 循环结构操作这个数组。下面的代码首先使用 Array 函数创建了一个包含 3 个文件名的数组，然后在 For Next 循环结构中通过 Dir 函数检查指定路径中的这 3 个文件是否存在。如果 Dir 函数的返回值为空字符串，说明指定文件不存在，并在对话框中显示文件不存在的提示信息。

```
Sub 操作Array函数创建的数组()
    Dim avarFileNames As Variant, intIndex As Integer
    avarFileNames = Array("1月销量", "2月销量", "3月销量")
    For intIndex = LBound(avarFileNames) To UBound(avarFileNames)
        If Dir("C:\" & avarFileNames(intIndex) & ".txt") = "" Then
            MsgBox avarFileNames(intIndex) & ".txt 文件不存在"
        End If
    Next intIndex
End Sub
```

提示：使用 Array 函数创建数组的下界受 Option Base 1 语句的影响。如果为 Array 函数添加类型库限定符 VBA（形式为 VBA.Array），则其创建的数组不受 Option Base 1 语句的影响。

4．使用动态数组

前面介绍的数组是静态数组，这种数组在声明时就已经确定了数组包含的元素个数，在程序运行期间不能改变数组的大小。但是在实际应用中，常会遇到只有在程序运行后才能确定数量的情况。例如，在处理一个文件夹中特定类型的文件时，一开始无法确定其中包含多少个该类型的文件，只有在程序运行过程中才能确定。

对于预先无法确定元素数量的情况，可以使用动态数组技术，即先声明一个不包含任何元素的动态数组，然后在程序运行过程中重新定义数组包含的元素数量。声明动态数组时不需要在圆括号中指定数组的上、下界，只保留一对空括号即可。下面的代码声明了一个名为 aintNumbers 的动态数组：

```
Dim aintNumbers() As Integer
```

在程序运行过程中可以使用 ReDim 语句重新定义动态数组的大小。下面的代码声明了一个没有上、下界的动态数组，然后在程序运行过程中对该数组进行重新定义，将用户输入的数字指定为动态数组的上界。

```
Sub 创建动态数组()
    Dim aintNumbers() As Integer, strUBound As String
    strUBound = InputBox("请输入数组的上界: ")
    If IsNumeric(strUBound) Then
        ReDim aintNumbers(strUBound)
        MsgBox "重新定义后的数组上界是: " & UBound(aintNumbers)
    End If
End Sub
```

如果在程序中需要多次使用 ReDim 语句定义数组的大小，在下一次使用 ReDim 语句时会自动清除数组中当前包含的数据。如果需要在重新定义数组的大小时保留数组中的数据，可以在 ReDim 语句中使用 Preserve 关键字。

下面的代码在程序运行过程中定义了两次动态数组的大小，在第一次定义动态数组的大小后，为数组中的元素赋值。在第二次定义动态数组的大小时，保留数组中的原有数据。

```
Sub 定义动态数组时保留其原有数据()
    Dim aintNumbers() As Integer, intIndex As Integer
    ReDim aintNumbers(2)
    For intIndex = LBound(aintNumbers) To UBound(aintNumbers)
        aintNumbers(intIndex) = intIndex + 1
    Next intIndex
    MsgBox aintNumbers(1)
    ReDim Preserve aintNumbers(5)
    MsgBox aintNumbers(1)
End Sub
```

代码说明：在程序开头声明了一个动态数组，程序运行后使用 ReDim 语句将该数组的上界定义为 2，然后使用 For Next 循环结构为数组中的元素赋值，之后在对话框中显示索引号为 1 的数组元素的值，其值为 2。再使用 ReDim Preserve 语句将该数组的上界定义为 5，重新在对话框中显示索引号为 1 的数组元素的值，其值为之前赋值后的 2。如果在第二次定制动态数组时不使用 Preserve 关键字，将会清除数组元素中的值，此时索引号为 1 的数组元素的值将变为 0，即为该元素赋值前的初始值。

对于二维数组或多维数组而言，在 ReDim 语句中使用 Preserve 关键字只能改变数组最后一维的大小，而不能改变数组的维数。

9.1.12　理解对象模型

VBA 是 Office 应用程序中的通用编程语言，Office 应用程序在编程方面的主要不同之处在于它们各自拥有一套不同的对象模型。每一个 Office 应用程序都由大量的对象组成，这些对象对应于 Office 应用程序的不同部分或功能。以 Excel 为例，Excel 程序自身就是一个对象，在其内部的工作簿、工作表、单元格也都是对象。通过 VBA 编程处理这些对象，可以完成 Excel 操作环境定制、工作簿的新建和打开、添加和删除工作表、在单元格中输入数据或设置格式等操作。

Excel 中的所有对象按照特定的逻辑结构组成了 Excel 对象模型，其中的对象具有不同的层次结构。Application 对象位于 Excel 对象模型的顶层，表示 Excel 程序本身。Workbook 对象位于 Application 对象的下一层，当前打开的每一个工作簿都是一个 Workbook 对象。Worksheet 对象位于 Workbook 对象的下一层，特定工作簿中的每一个工作表都是一个 Worksheet 对象。Range 对象位于 Worksheet 对象的下一层，特定工作表中的每个单元格或单元格区域都是一个 Range 对象。上述几种对象的层次结构可以表示为以下形式：

```
ApplicationèWorkbookèWorksheetèRange
```

将一个对象的上一层对象称为这个对象的父对象，将一个对象的下一层对象称为这个对象的子对象。Office 应用程序对象模型中的很多对象都存在父子关系，也正是这种父子关系使各对象紧密联系在一起。以 Excel 为例，Workbook 对象的父对象是 Application 对象，Workbook 对象的子对象是 Worksheet 对象。很多对象都有一个 Parent 属性，使用该属性可从当前对象定位到其上一层的父对象并返回这个父对象。下面的代码返回名为"1 月销量"的工作簿所属的 Excel 应用程序的版本号：

```
Workbooks("1月销量.xlsx").Parent.Version
```

对于已打开的工作簿，可以省略其文件扩展名，使用下面的代码同样有效：

```
Workbooks("1月销量").Parent.Version
```

很多对象还有一个 Application 属性，使用该属性可以直接返回对象模型顶层的 Application 对象。当需要从一个层次较低的对象返回 Application 对象时，使用 Application 属性会非常方便，因为可以避免多次使用 Parent 属性逐层向上定位的麻烦。

上面介绍的对象模型的基本概念同样适用于 Word 和 PPT，只不过不同的 Office 应用程序拥有不同的对象，但是对象模型的组织结构与层次定位都是相同或相似的。

在每一个支持 VBA 编程的 Office 应用程序的对象模型中都包含了大量的对象，这些对象彼此之间拥有错综复杂的关系，而且每个对象还包括大量的属性和方法，少数对象还包含一些事件。为了快速获得与对象相关的信息，可以使用 VBA 提供的对象浏览器，它是一个用于查询类、对象、集合、属性、方法、事件、常数的实用工具。可以在 VBE 窗口中使用以下 3 种方法打开对象浏览器：

- 单击菜单栏中的"视图"|"对象浏览器"命令。
- 单击"标准"工具栏中的"对象浏览器"按钮 。
- 按 F2 键。

打开的对象浏览器如图 9-25 所示。"工程 / 库"中默认选择的是"所有库"，因此在"类"列表框中会显示当前引用的所有库以及当前工程中包含的所有类。如果需要查看某个库中包含的内容，可以在"工程 / 库"下拉列表中选择一个特定的库，在"类"列表框中会自动显示所选库中包含的类。在"类"列表框中选择一个类，右侧会显示该类的属性、方法和事件。如果需要快速查找特定信息，可以在搜索框中输入相关内容，然后单击右侧的搜索按钮 🔍，搜索结果将显示在下方。

图 9-25　对象浏览器

在对象浏览器中使用不同的图标来区分不同的内容，🔖 图标表示库，🔲 图标表示类，🔲 图标表示对象的属性、🔹 图标表示对象的方法，🔖 图标表示对象的事件，🔲 图标表示常数（即 VBA 内置常量）。

类是面向对象程序设计中的一个重要概念，所有新建的对象都是基于类创建的，可以将这些对象称为类的实例。每个对象包含的所有属性、方法和事件都预先在类中定义，基于类创建的新对象自动继承了类的属性、方法和事件，用户可以通过为对象设置属性来改变对象的外观、特征或状态，也可以使用对象的方法和事件执行所需的操作。

以 Excel 为例，Excel 中的每一个工作表都是一个 Worksheet 对象，设置 Worksheet 对象的 Name 属性可以使各个工作表具有不同的名称，设置 Worksheet 对象的 Visible 属性可以改变工作表的显示状态。

9.1.13　创建和销毁对象

对象在 VBA 中也是一种数据类型，因此可以将变量声明为对象这种数据类型。如果预先知道要在变量中存储哪种类型的对象，可以将变量声明为该特定类型的对象，比如 Worksheet 对象；如果预先不知道要在变量中存储的对象类型，可以将变量声明为一般对象类型，使用 Object 表示一般对象类型。无论将变量声明为一般对象类型还是特定对象类型，在声明和使用对象变量时都应该遵循以下 3 个步骤：

（1）声明对象变量。

（2）将对象引用赋值给对象变量。

（3）使用完对象变量后销毁对象，即释放对象变量占用的内存空间。

声明对象变量的方法与声明普通变量的语法格式类似，下面的代码声明了一个 Excel 中的 Workbook 对象类型的对象变量 wkb，该变量表示当前已打开的某个工作簿：

```
Dim wkb As Workbook
```

声明对象变量后，需要使用 Set 关键字将具体的对象赋值给对象变量，从而建立对象变量与特定对象之间的关联。下面的代码将当前打开的名为"1 月销量 .xlsx"的工作簿赋值给 wkb 对象变量：

```
Set wkb = Workbooks("1月销量.xlsx")
```

注意：如果当前没有打开名为"1 月销量 .xlsx"的工作簿，运行上面的代码将会出现运行时错误，可以在上面的代码前添加 On Error Resume Next 语句忽略所有错误。关于 VBA 程序错误处理的更多内容，请参考 9.1.16 节。

为对象变量赋值后，就可以使用对象变量代替实际的对象引用，不但可以减少对象引用的代码输入量，还可以提高程序的运行效率，因为 VBA 每次遇到点分隔符时都要对其进行解析。下面的代码使用 **wkb** 变量代替 Workbooks("1 月销量 .xlsx")，显示名为"1 月销量 .xlsx"的工作簿中包含的工作表总数：

```
MsgBox wkb.Worksheets.Count
```

当不再使用对象变量时，可以使用 Set 关键字将 Nothing 赋值给对象变量以销毁其中引用的对象，从而释放对象变量占用的内存空间，如下所示：

```
Set wkb = Nothing
```

在 VBA 中编程经常会遇到对同一个对象进行多个操作的情况，这就需要在代码中多次重复引用该对象。如果这个对象的层次较低，引用该对象的代码将会很长。下面的代码对活动工作簿中第一个工作表的 A1:B10 单元格区域的字体格式进行了 3 项设置：

```
Sub 设置单元格区域的字体格式()
    Worksheets(1).Range("A1:B10").Font.Bold = True
    Worksheets(1).Range("A1:B10").Font.Italic = True
    Worksheets(1).Range("A1:B10").Font.Color = RGB(255, 0, 255)
End Sub
```

代码中的 Worksheets(1).Range("A1:B10") 部分重复出现了 3 次，在实际应用中重复出现的次数可能会更多。为了减少代码的输入量并提高程序运行效率，当需要在代码中反复引用同一个对象时可以使用 With 结构，其语法格式如下：

```
With 要引用的对象
    要为对象执行的操作
End With
```

在 With 语句后输入要引用的对象，按 Enter 键后 VBA 会自动添加 End With 语句。在 With 语句和 End With 语句之间放置要为对象执行的操作，通常是为对象设置属性的代码，以及使用对象的方法执行特定操作的代码。With 和 End With 之间所有与对象有关的属性和方法都需要以点分隔符开头。下面是使用 With 结构修改后的代码，在 With 和 End With 之间 Worksheets(1).Range("A1:B10") 部分只出现了一次，代码简洁清晰很多。

```
Sub 设置单元格区域的字体格式2()
    With Worksheets(1).Range("A1:B10")
        .Font.Bold = True
        .Font.Italic = True
        .Font.Color = RGB(255, 0, 0)
    End With
End Sub
```

9.1.14 处理集合中的对象

同一类对象组成了该类对象的集合，其中的每一个对象都是集合中的成员。以 Excel 为例，所有打开的工作簿组成了 Workbooks 集合，工作簿中的所有工作表组成了 Worksheets 集合。同一类的对象和集合在拼写形式上非常相似，集合通常比其相关的对象在名称的结尾多了一个字母 s，比如 Workbooks 集合与 Workbook 对象，Worksheets 集合与 Worksheet 对象。集合主要有两个用途：

- 从集合中引用特定的对象。
- 遍历集合中的每一个对象，对每一个对象执行相同的操作，或对满足特定条件的对象执行所需操作。

可以使用对象的名称或索引号从集合中引用特定的对象。以 Excel 为例，假设工作簿中包含名为"一季度""二季度"和"三季度"的 3 个工作表，它们从左到右依次排列。如果需要引用名为"二季度"的工作表，可以使用以下两种方法。在不改变工作表名称的情况下，第一种方法比第二种方法更可靠，因为即使调整工作表的排列顺序，使用相同的名称始终都能引用同一个工作表。第二种方法使用的是工作表的索引号，一旦改变工作表的位置导致索引号发生变化，使用原来的索引号可能就会引用错误的工作表。

```
使用名称进行引用：Worksheets("二季度")
使用索引号进行引用：Worksheets(2)
```

如果引用的工作表所在的工作簿是活动工作簿，可以直接使用上面的形式进行引用。如果引用的工作表所在的工作簿不是活动工作簿，必须添加工作簿的限定，类似于如下所示。活动工作簿是指当前处于活动状态，可接收用户输入的工作簿。

```
Workbooks("2017年销售分析").Worksheets("二季度")
```

除了从集合中引用特定的对象外，还可以遍历集合中的每一个对象，并对这些对象执行指定的操作。可以使用两种方法遍历集合中的对象，一种方法是使用本章前面介绍过的 For Next 循环结构。使用这种方法时需要通过集合的 Count 属性获取集合中包含的对象总数，以将其作为 For Next 循环结构中的循环计数器的终止值，其初始值为 1。将值依次递增的循环计数器作为对象的索引号，就可以从集合中每次引用一个对象，直到集合中的最后一个对象。

下面的代码显示活动工作簿中的每个工作表的名称。

```
Sub 显示活动工作簿中的每个工作表的名称()
    Dim intIndex As Integer
    For intIndex = 1 To Worksheets.Count
        MsgBox Worksheets(intIndex).Name
    Next intIndex
End Sub
```

遍历集合中的对象的另一种方法是使用 For Each 循环结构，使用该结构可以遍历集合中的每一个对象，并且预先不需要知道集合中包含的对象总数，只要集合中还有下一个对象，For Each 循环结构就会继续遍历，直到遍历到集合的最后一个对象。For Each 循环结构的语法格式如下：

```
For Each element In group
[statements]
[Exit For]
[statements]
Next [element]
```

- element：必选，用于遍历集合中的每一个对象的对象变量，该变量的类型必须与集合中的对象类型一致。

- group：必选，要在其内部进行遍历的集合。
- statements：可选，要对集合中的对象执行 VBA 代码，这些代码会在集合中的每一个对象上重复执行。可以加入 If Then 分支结构只对满足特定条件的对象执行代码。
- Exit For：可选，中途退出 For Each 循环结构。

下面的代码使用 For Each 循环结构改写了上一个示例，显示活动工作簿中的每个工作表的名称。

```
Sub 显示活动工作簿中的每个工作表的名称()
    Dim wks As Worksheet
    For Each wks In Worksheets
        MsgBox wks.Name
    Next wks
End Sub
```

9.1.15　使用对象的属性和方法

基于同一个类创建的所有对象的外观和特征在最初是完全相同的，使这些对象变得不同的最简单方法是为这些对象设置属性。例如，基于 Excel 默认的工作簿模板创建的两个工作簿具有相同的工作表数量，通过在一个工作簿中添加新的工作表，使这两个工作簿中的工作表数量变得不同。工作表中的所有单元格默认不包含任何数据和格式，当在某个单元格中输入了数据或为其设置了格式，这个单元格将变得与其他单元格不同。

Office 应用程序对象模型中的对象通常都会包含一些属性，通过设置属性可以改变对象的外观、特征或状态。设置对象的属性需要先输入这个对象，然后输入一个点分隔符，此时会弹出对象的成员列表，其中包含该对象的属性和方法。使用鼠标双击要使用的属性，或使用键盘上的方向键选择所需的属性后按 Tab 键，都可将所选属性输入到点分隔符后。然后输入一个等号，再输入要为属性设置的值。下面的代码将 Excel 活动工作簿中的第一个工作表的名称设置为"一季度"：

```
Worksheets(1).Name = "一季度"
```

下面的代码将数字 168 输入到 Excel 活动工作表的 A1 单元格中：

```
Range("A1").Value = 168
```

每个对象都有一个默认属性，当设置默认属性时，可以省略该属性的输入。由于 Value 属性是 Range 对象的默认属性，因此下面的代码与上面的代码等效：

```
Range("A1") = 168
```

提示：虽然默认属性为代码的输入提供更简洁的方式，但是并不利于代码的阅读和理解，因此最好不要省略默认属性的输入。

如果需要多次使用某个属性的值，应该将该值存储在变量中，以后可以使用这个变量代替对象和属性的代码部分，从而简化代码的输入并提高程序的运行效率。下面的代码将 Excel 活动工作簿中的第一个工作表的名称赋值给 strName 变量。

```
strName = Worksheets(1).Name
```

对象的某些属性会返回一个对象，这种情况在 VBA 中很常见。下面的代码设置 A1:B10 单元格区域的字体格式，其中 Range 是一个对象，Font 是 Range 对象的一个属性，用于设置字体格式。但是 Font 之后还有一个 Name，它是 Font 还是 Range 的属性？对于 VBA 初学者，这类代码很容易导致混乱。

```
Range("A1:B10").Font.Name = "宋体"
```

在 Office 应用程序的对象模型中，很多对象本身是一个独立的对象，但是同时也会作为另一个对象的属性出现。在上面的代码中，Font 对象虽然是 Range 对象的属性，但是在对 Range 对象使用 Font 属性后，将返回一个表示字体格式的 Font 对象。代码中位于 Font 之后的 Name 是 Font 对象的属性，表示字体的名称。因此上面的代码设置的是 Font 对象的 Name 属性，开头的 Range("A1:B10") 限定了设置的目标是 A1:B10 单元格区域。

除了属性，对象还拥有方法，方法是对象可以执行的操作。大多数方法都包含一个或多个参数，用于指定方法的执行方式。参数分为必选参数和可选参数两类，必选参数是在使用对象的方法时必须要提供其值的参数，而可选参数可以被省略，不是必须要设置其值。

以 Excel 为例，Workbooks 集合有一个 Open 方法，用于执行"打开"工作簿的操作。Open 方法包含多个参数，第一个参数 FileName 是必选参数，用于指定要打开的工作簿的路径和名称。其他参数都是可选参数，用于指定打开工作簿时的方式，比如设置 ReadOnly 参数以只读方式打开工作簿。可以根据需要设置可选参数中的一个或多个，也可以将它们全部省略。

与输入对象的属性类似，首先输入对象的名称，然后输入点分隔符和所需的方法（此处为 Open 方法），之后按一下空格键，将显示类似如图 9-26 所示的提示信息，在圆括号中列出了方法的所有参数，由方括号括起的参数是可选参数，没有方括号的参数是必选参数。加粗显示的参数是当前正接收用户输入的参数，此处为 FileName 参数，其后的 As String 表示该参数的数据类型是 String。

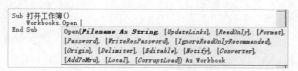

图 9-26　显示包含参数列表的提示信息

由于 FileName 参数是 Open 方法唯一一个必选参数，因此只要指定该参数的值就可以执行 Workbooks 集合的 Open 方法。下面的代码将 FileName 参数设置为"C:\ 销售数据分析 .xlsx"，执行 Open 方法将打开由 FileName 参数指定的工作簿。如果路径有误或工作簿不存在，将会出现运行时错误。

```
Workbooks.Open "C:\销售数据分析.xlsx"
```

当需要为一个方法指定多个参数时，应该按照提示信息中列出的参数顺序依次设置每一个参数的值，各个值之间以逗号分隔。如果需要省略其中的某个参数，而跳到下一个参数的设置上，必须为其保留一个逗号以占位。下面的代码为 Open 方法设置了第一个参数 FileName 和第三个参数 ReadOnly，由于中间省略了第二个参数 UpdateLinks，因此需要为其添加一个逗号。

```
Workbooks.Open "C:\销售数据分析.xlsx", , True
```

在为一个方法同时指定多个参数时，参数的排列顺序必须严格按照参数列表中的参数顺序进行指定。如果省略了其中的某个参数，必须为其保留一个逗号。当省略中间的多个参数时，就会出现一系列逗号，代码既不美观，也不便于理解。

一种更好的做法是使用命名参数来设置参数的值。使用命名参数可以按任意顺序指定参数的值，而不必遵循参数列表中参数的默认顺序，还可以增加代码的可读性。使用命名参数的方法是：先输入参数的名称，然后输入一个冒号和一个等号，最后输入要为参数指定的值。参数的名称就是在输入一个方法并按下空格键所显示的提示信息中的每一个英文名称，参数的名称不区分大小写。下面的代码使用命名参数为 Open 方法指定参数的值。

```
Workbooks.Open FileName:="C:\销售数据分析.xlsx", ReadOnly:=True
```

由于使用命名参数能以任意顺序指定参数，因此下面的代码也是正确的：

```
Workbooks.Open ReadOnly:=True, Filename:="C:\销售数据分析.xlsx"
```

与可返回对象的属性类似，对象的一些方法也会返回另一个对象。以 Excel 为例，前面介绍的 Workbook 对象的 Open 方法就可以返回一个 Workbook 对象，该对象表示使用 Open 方法打开的工作簿。

如果需要在打开工作簿后对其执行一些操作，可以将 Open 方法返回的对象赋值给一个变量，之后可以在代码中使用这个变量来进行所需的操作。与使用函数的返回值时设置参数的方法类似，如果需要获取方法的返回值，可以将为方法设置的所有参数放置在一对圆括号中，然后使用 Set 语句和等号将方法返回的对象赋值给一个变量。

下面的代码打开指定的工作簿，并显示与工作簿相关的一系列信息，具体包括工作簿的完整路径、工作簿中包含的工作表总数、工作簿中包含的图表工作表总数。

```
Sub 打开工作簿并对其执行一系列操作()
    Dim wkb As Workbook
    Set wkb = Workbooks.Open(Filename:="C:\销售数据分析.xlsx")
    MsgBox "工作簿的完整路径是: " & wkb.FullName
    MsgBox "工作簿中的工作表总数是: " & wkb.Worksheets.Count
    MsgBox "工作簿中的图表工作表总数是: " & wkb.Charts.Count
End Sub
```

9.1.16 处理运行时错误

在上一个示例中，如果打开的工作簿不存在或路径有误，将出现如图 9-27 所示的运行时错误。在运行时错误提示信息的第一行通常显示错误的编号，下方显示错误的简要描述。此处显示的运行时错误的描述信息比较容易理解，但是实际上很多运行时错误的描述信息并不容易理解。单击对话框中的"调试"按钮，将进入代码调试模式，该模式并不会为不了解 VBA 的普通用户提供帮助。

图 9-27　运行时错误的示例

即使拥有丰富经验的 VBA 编程人员，仍然会由于没有预先考虑到意外情况的发生，而导致在程序运行期间出现运行时错误。为了在错误发生时能够为最终用户提供具有指导意义的信息，并避免用户单击"调试"按钮误入代码调试模式，应该在代码编写阶段加入错误处理程序，在运行时错误发生时自动捕获错误并执行错误处理代码。

当程序试图执行无效操作时，将会导致运行时错误。错误处理的主要任务是预先考虑到程序运行过程中可能会发生的错误，然后编写解决这些错误的代码并将其添加到正常的程序中。VBA 提供了以下几个错误处理工具：

- On Error Goto Line：在错误发生时将程序的执行转到由 Line 标签指定的位置，并从此处执行错误处理程序。Line 可以是任何有效的字符串，后跟一个冒号。
- On Error GoTo 0：关闭之前的错误处理程序。如果没有该语句，在程序运行结束时会自动关闭错误处理程序。如果在该语句后的代码中出现运行时错误，将会正常显示 VBA 运行时错误的提示信息并中断程序的运行。
- On Error Resume Next：关闭错误捕获，位于该语句之后的代码会忽略所有运行时错误。如果在使用该语句后的代码中出现运行时错误，程序将从出错语句的下一条语句继续执行。
- Err 对象：VBA 使用 Err 对象存储最近一次出现的运行时错误的相关信息。Err 对象使用 Number 属性存储运行时错误的错误号，通过检查该属性的值可以确定是否发生了运行时错误以及具体的错误类型。Err 是 VBA 的内置对象，可以直接使用该对象而不需要事先创建和赋值。

常用的错误处理程序主要有以下两种结构：

1. On Error Goto Line语句+Line标签+Exit语句

在可能导致运行时错误的代码前添加 On Error Goto Line 语句，在 End Sub 语句或 End Function 语句前添加一个由 Line 指定的标签，标签右侧包含一个冒号。然后在标签前添加 Exit Sub 语句或 Exit Function 语句，以避免在未发生运行错误时自动执行标签处的错误处理程序。最后在标签下方输入错误处理程序的代码，并使用 Resume 类型的语句决定在执行完错误处理程序后接下来要执行的代码，具体如下：

- 如果需要在错误处理完成后重新执行出错的那条语句，可以使用 Resume 语句。
- 如果需要在错误处理完成后执行出错语句后的下一条语句，可以使用 Resume Next 语句。
- 如果需要在错误处理完成后执行特定的语句，但不是出错的那条语句或出错语句的下一条语句，可以使用 Resume Line 语句，Line 表示要执行的特定语句的标签。

2. On Error Resume Next语句+Err.Number属性+Exit语句

在可能导致运行时错误的代码前添加 On Error Resume Next 语句，忽略将要发生的错误。然后在 If Then 分支结构中判断 Err 对象的 Number 属性的值是否不为 0，如果是则说明有错误发生。此时可以向用户显示指定的提示信息，并使用 Exit Sub 或 Exit Function 语句在错误发生时退出当前过程。

如果在打开 Excel 工作簿时出现错误，下面的代码将向用户发出提示信息，如图 9-28 所示，要求用户确认路径是否正确以及指定位置上是否存在该工作簿，然后再次尝试打开。

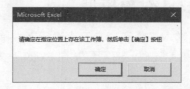

图 9-28　出现运行错误时显示的提示信息

```
Sub 打开工作簿()
    Dim wkb As Workbook, lngAnswer As Long
    On Error GoTo ErrHandler:
    Set wkb = Workbooks.Open("C:\内部数据\销售数据分析.xlsx")
    On Error GoTo 0
    MsgBox wkb.Worksheets.Count
    Exit Sub
ErrHandler:
    lngAnswer = MsgBox("请确定在指定位置上存在该工作簿，然后单击"确定"按钮", vbOKCancel)
    Select Case lngAnswer
        Case vbOK: Resume
        Case vbCancel: Exit Sub
    End Select
End Sub
```

代码说明：代码中使用 Workbooks 对象的 Open 方法打开指定路径中名为"销售数据分析"的工作簿，并显示工作簿中包含的工作表总数。如果路径错误或工作簿不存在，都将出现运行时错误。因此在执行 Open 方法前添加了 On Error GoTo ErrHandler: 语句，当出现运行错误时程序会跳转到由 ErrHandler 标签指定的位置并开始执行错误处理程序。在 ErrHandler: 标签之后的错误处理程序中，使用 MsgBox 函数定制出现运行错误时向用户显示的提示信息，并为该对话框提供了"确定"和"取消"两个按钮。然后在 Select Case 分支结构中检查用户单击的是哪个按钮，如果单击"确定"按钮，将重新执行 Open 方法；如果单击"取消"按钮，将退出当前程序。如果本例中没有为对话框添加"取消"按钮，将在出现运行时错误后将进入无限循环，此时只能按 Ctrl+Break 快捷键中断程序。

如果在打开 Excel 工作簿时出现错误，下面的代码将向用户发出提示信息并退出程序。

```
Sub 打开工作簿()
    Dim wkb As Workbook
    On Error Resume Next
    Set wkb = Workbooks.Open("C:\内部数据\销售数据分析.xlsx")
    If Err.number <> 0 Then
        MsgBox "指定的工作簿不存在！"
        Exit Sub
    End If
    On Error GoTo 0
    MsgBox wkb.Worksheets.Count
End Sub
```

代码说明：本例代码是对上一个示例的另一种处理方式，这里没有使用错误处理标签，而是在忽略了所有错误后，通过检查 Err 对象的 Number 属性的值是否为 0，从而判断在执行 Open 方法时是否出现了运行时错误。如果 Err.Number 的值不为 0，说明出现运行时错误，此时会显示预先指定的提示信息，并退出当前程序。

9.2 数据透视表的 Excel 对象模型

本章前面的内容对 VBA 的基本概念和语言元素进行了快速而系统的介绍。然而，如果想要编写能够操作数据透视表的 VBA 代码，还需要掌握 Excel 对象模型中与数据透视表有关的对象，包括以下几个：

● PivotCaches 集合 /PivotCache 对象。

- PivotTables 集合 /PivotTable 对象。
- PivotFields 集合 /PivotField 对象。
- PivotItems 集合 /PivotItem 对象。

9.2.1　PivotCaches 集合 /PivotCache 对象

PivotCaches 集合包含工作簿中的所有数据透视表缓存，PivotCache 对象是特定的数据透视表缓存，PivotCache 对象是 PivotCaches 集合的成员。PivotCaches 集合的父对象是 Workbook 对象。表 9-4 ～表 9-6 列出了 PivotCaches 集合与 PivotCache 对象的常用属性和方法。

表 9-4　PivotCaches 集合的常用方法

方　　法	说　　明
Create	创建一个数据透视表缓存，并返回相应的 PivotCache 对象

表 9-5　PivotCache 对象的常用属性

方　　法	说　　明
RefreshOnFileOpen	返回或设置打开工作簿时是否自动刷新数据透视表缓存
SourceData	返回数据透视表缓存中的数据源

表 9-6　PivotCache 对象的常用方法

方　　法	说　　明
CreatePivotTable	创建一个基于 PivotCache 对象的数据透视表，并返回一个 PivotTable 对象
Refresh	刷新数据透视表缓存

9.2.2　PivotTables 集合 /PivotTable 对象

PivotTables 集合包含工作表中的所有数据透视表，PivotTable 对象是特定的数据透视表，PivotTable 对象是 PivotTables 集合的成员。PivotTables 集合的父对象是 Worksheet 对象。表 9-7 ～表 9-9 列出了 PivotTables 集合与 PivotTable 对象的常用属性和方法。

表 9-7　PivotTables 集合的常用方法

方　　法	说　　明
Add	创建一个数据透视表，并返回相应的 PivotTable 对象

表 9-8　PivotTable 对象的常用属性

方　　法	说　　明
ColumnFields	返回包含数据透视表中的所有列字段的 PivotFields 集合
ColumnGrand	返回或设置是否显示列总计
ColumnRange	返回表示数据透视表中列区域的 Range 对象

方　法	说　明
DataBodyRange	返回表示数据透视表中值区域的 Range 对象
DataFields	返回包含数据透视表中所有值字段的 PivotFields 集合
LayoutRowDefault	返回或设置初次向数据透视表中添加字段时的布局形式
Name	返回或设置数据透视表的名称
PageFields	返回包含数据透视表中所有报表筛选字段的 PivotFields 集合
PageRange	返回表示数据透视表中报表筛选区域的 Range 对象
RowFields	返回包含数据透视表中所有行字段的 PivotFields 集合
RowGrand	返回或设置是否显示行总计
RowRange	返回表示数据透视表中行区域的 Range 对象
SourceData	返回数据透视表使用的数据源
TableRange1	返回不包含页字段的整个数据透视表区域的 Range 对象
TableRange2	返回包含页字段在内的整个数据透视表区域的 Range 对象
TableStyle2	返回或设置当前应用于数据透视表的数据透视表样式
VisibleFields	返回包含数据透视表中当前已布局的所有字段的 PivotFields 集合

表 9-9　PivotTable 对象的常用方法

方　法	说　明
AddDataField	在数据透视表中添加值字段，并返回相应的 PivotField 对象
AddFields	在数据透视表中添加行字段、列字段和报表筛选字段
ClearTable	清除数据透视表中的所有字段以及排序和筛选，使其恢复为空白的数据透视表
PivotFields	返回包含数据透视表中所有字段的 PivotFields 集合
RefreshTable	使用数据源刷新数据透视表，如果刷新成功则返回 True，刷新失败则返回 False
RowAxisLayout	设置数据透视表的布局形式
Update	更新数据透视表

9.2.3　PivotFields 集合 /PivotField 对象

PivotFields 集合包含数据透视表中的所有字段，PivotField 对象是特定的字段，PivotField 对象是 PivotFields 集合的成员。PivotTables 集合的父对象是 Worksheet 对象。表 9-10 和表 9-11 列出了 PivotTable 对象的常用属性和方法。

表 9-10　PivotField 对象的常用属性

方　法	说　明
Calculation	返回或设置值字段中的数据的值显示方式，比如百分比、差异、差异百分比等

续表

方　　法	说　　明
Caption	返回或设置字段在数据透视表字段列表窗格中显示的名称
DataRange	返回包含字段中所有数据的 Range 对象
DataType	返回字段中数据的数据类型
Name	返回或设置字段的名称
NumberFormat	返回或设置值字段中数据的数字格式
Function	返回或设置值字段中数据的值汇总依据，比如求和、计数、平均值等
Orientation	返回或设置数据透视表中的字段布局方式
Position	返回或设置位于相同区域中多个字段的排列方式
Subtotals	返回或设置值字段以外的其他字段中数据的汇总方式

表 9-11　PivotField 对象的常用方法

方　　法	说　　明
Delete	删除字段
PivotItems	返回包含字段中所有项的 PivotItems 集合

9.2.4　PivotItems 集合 /PivotItem 对象

PivotItems 集合包含字段中的所有项，PivotItem 对象是特定的项，PivotItem 对象是 PivotItems 集合的成员。PivotItems 集合的父对象是 PivotField 对象。表 9-12 和表 9-13 列出了 PivotItem 对象的常用属性和方法。

表 9-12　PivotItem 对象的常用属性

方　　法	说　　明
Caption	返回或设置项在数据透视表中显示的名称
Name	返回或设置项的名称
Position	返回或设置项在其所属字段中的位置
Visible	设置项的显示或隐藏状态

表 9-13　PivotItem 对象的常用方法

方　　法	说　　明
Delete	删除项

9.3　使用 VBA 创建和设置数据透视表

本节将介绍使用 VBA 编程创建数据透视表，以及对数据透视表中的数据进行操作的基本方法。

9.3.1 创建基本的数据透视表

使用 VBA 创建数据透视表之前，需要先创建数据透视表缓存，在其中存储着用于创建数据透视表的数据源，然后使用已创建好的数据透视表缓存来创建数据透视表。可以使用 PivotCaches 集合的 Create 方法创建数据透视表缓存，该方法包含 3 个参数，语法格式如下：

```
PivotCaches.Create(SourceType, SourceData, Version)
```

- SourceType：必选，数据源的类型，该参数的值由 XlPivotTableSourceType 常量提供，如表 9-14 所示。
- SourceData：可选，数据源的位置。如果没有将 SourceType 参数设置为 xlExternal，则必须指定 SourceData 参数。
- Version：可选，数据透视表缓存的版本。Excel 2003 版本表示为 xlPivotTableVersion11，Excel 2007 版本表示为 xlPivotTableVersion12，Excel 2010 版本表示为 xlPivotTableVersion14，Excel 2013 版本表示为 xlPivotTableVersion15，Excel 2016 版本表示为 xlPivotTableVersion16。

表 9-14　XlPivotTableSourceType 常量

名　　称	值	说　　明
xlDatabase	1	Excel 中的数据区域
xlConsolidation	3	多重合并计算数据区域
xlExternal	2	其他应用程序中的数据
xlScenario	4	使用方案管理器创建的方案
xlPivotTable	−4148	来源于另一个数据透视表

创建好数据透视表缓存后，可以使用 PivotCache 对象的 CreatePivotTable 方法创建数据透视表。该方法包含 4 个参数，语法格式如下：

```
PivotCache.CreatePivotTable(TableDestination, TableName, ReadData, DefaultVersion)
```

- TableDestination：放置数据透视表区域左上角的单元格。
- TableName：数据透视表的名称。
- ReadData：在创建数据透视表时通常省略该参数。如果设置为 True，则创建一个包含外部数据库中所有记录的数据透视表高速缓存；如果设置为 False，则允许在实际读取数据之前将某些字段设置为基于服务器的页字段。
- DefaultVersion：数据透视表的版本，与前面介绍的 PivotCaches 对象的 Create 方法的 Version 参数相同。

下面的代码以如图 9-29 所示的数据区域作为数据源，创建一个空白的数据透视表，如图 9-30 所示。数据源所在工作表的名称是"数据源"，将放置数据透视表的工作表命名为"数据透视表"，将创建的数据透视表命名为"销量分析"。pvc 变量表示数据透视表缓存，pvt 变量表示数据透视表，rngSource 变量表示数据源区域，rngPvt 变量表示放置所创建的数据透视表区域左上角的单元格。

```
Sub 创建数据透视表缓存和数据透视表()
    Dim pvc As PivotCache, pvt As PivotTable
    Dim rngSource As Range, rngPvt As Range
```

```
        Set rngSource = Worksheets("数据源").Range("A1").CurrentRegion
        Worksheets.Add
        ActiveSheet.Name = "数据透视表"
        Set rngPvt = ActiveSheet.Range("A3")
        Set pvc = ActiveWorkbook.PivotCaches.Create(xlDatabase, rngSource)
        pvc.CreatePivotTable rngPvt, "销量分析"
    End Sub
```

图 9-29　数据源

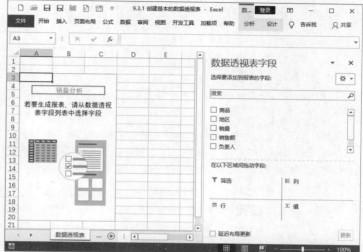

图 9-30　创建的空白数据透视表

9.3.2　将字段添加到数据透视表中

本小节使用的示例数据来源于 9.3.1 节制作完成的数据透视表。在创建好一个空白的数据透视表之后，需要将字段添加在数据透视表的不同区域中，以构建有意义的数据报表。可以使用 PivotField 对象的 Orientation 属性和 Position 属性指定字段在数据透视表中的位置，Orientation 属性的值由 XlPivotFieldOrientation 常量提供，如表 9-15 所示。

表 9-15　XlPivotFieldOrientation 常量

名称	值	说明
xlHidden	0	从数据透视表中删除指定的字段
xlRowField	1	将字段添加到行区域
xlColumnField	2	将字段添加到列区域
xlPageField	3	将字段添加到报表筛选区域
xlDataField	4	将字段添加到值区域

下面的代码对数据透视表中的字段进行布局，将"负责人"字段添加到报表筛选区域，将"地区"和"商品"两个字段添加到行区域，将"销量"和"销售额"两个字段添加到值区域。对字段进行布局后的数据透视表如图 9-31 所示。首先将活动工作表中的数据透视表赋值给 pvt 变量，然后使用 PivotField 对象的 Orientation 属性将字段添加到那个区域。由于本例中行区域包含两

个字段，因此需要使用 PivotField 对象的 Position 属性指定字段的排列顺序。使用 PivotTable 对象的 AddDataField 方法将值字段添加到数据透视表中。

```
Sub 将字段添加到数据透视表中()
    Dim pvt As PivotTable
    Set pvt = Worksheets("数据透视表").PivotTables(1)
    With pvt
        .PivotFields("负责人").Orientation = xlPageField
        With .PivotFields("地区")
            .Orientation = xlRowField
            .Position = 1
        End With
        With .PivotFields("商品")
            .Orientation = xlRowField
            .Position = 2
        End With
        .AddDataField .PivotFields("销量")
        .AddDataField .PivotFields("销售额")
    End With
End Sub
```

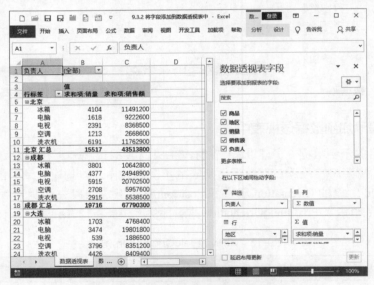

图 9-31　对字段进行布局后的数据透视表

9.3.3　调整和删除字段

在对数据透视表中的字段进行布局之后，可能需要调整字段的位置或删除不需要的字段。调整数据透视表中现有字段的位置仍然需要使用 PivotField 对象的 Orientation 和 Position 属性，而从数据透视表中删除字段则需要将 Orientation 属性的值设置为 xlHidden。

下面的代码将"地区"字段从行区域移动到报表筛选区域，并将该字段置于"负责人"字段的下方，然后将"销量"字段从数据透视表中删除，如图 9-32 所示。

```
Sub 调整和删除字段()
    Dim pvt As PivotTable
    Set pvt = Worksheets("数据透视表").PivotTables(1)
```

```
            With pvt
                With .PivotFields("地区")
                    .Orientation = xlPageField
                    .Position = 1
                End With
                .PivotFields("求和项:销量").Orientation = xlHidden
            End With
        End Sub
```

图 9-32　调整和删除数据透视表中的字段

9.3.4　修改字段的名称

可以修改数据透视表中字段的显示名称，但是该名称不能与数据透视表字段列表窗格的同一个字段的名称相同。为了让同一个字段获得两个完全相同的名称，可以在数据透视表中的字段名称的末尾添加一个空格，这样 Excel 会将其看作另一个不同的名称。可以使用 PivotTable 对象的 Name 属性设置字段的名称。

下面的代码将数据透视表中的"求和项:销售额"字段的名称改为"销售额"，如图 9-33 所示。

```
Sub 修改字段的名称()
    Dim pvt As PivotTable
    Set pvt = Worksheets("数据透视表").PivotTables(1)
    pvt.PivotFields("求和项:销售额").Name = "销售额 "
End Sub
```

图 9-33　修改字段的名称

9.3.5　设置数据透视表的布局形式

使用 PivotTable 对象的 RowAxisLayout 方法可以设置数据透视表的布局形式，该方法的参数值由 XlLayoutRowType 常量提供，如表 9-16 所示。

表 9-16　XlLayoutRowType 常量

名　　称	值	说　　明
xlCompactRow	0	压缩布局形式

续表

名　称	值	说　明
xlTabularRow	1	表格布局形式
xlOutlineRow	2	大纲布局形式

下面的代码将数据透视表的布局设置为“表格”，如图 9-34 所示。

```
Sub 设置数据透视表的布局形式()
    Dim pvt As PivotTable
    Set pvt = Worksheets("数据透视表").PivotTables(1)
    pvt.RowAxisLayout xlTabularRow
End Sub
```

	A	B
1	负责人	(全部)
2	地区	(全部)
3		
4	商品	销售额
5	冰箱	128069200
6	电脑	235489800
7	电视	159708500
8	空调	92312000
9	洗衣机	92970800
10	总计	708550300

图 9-34　将数据透视表的布局设置为表格形式

9.3.6　隐藏行总计和列总计

默认创建的数据透视表会在行区域的最下方以及列区域的最右侧显示总计。可以使用 PivotTable 对象的 RowGrand 和 ColumnGrand 属性设置行总计和列总计的显示状态。这两个属性都返回或设置一个 Boolean 类型的值，如果为 True 则表示显示总计，如果为 False 则表示隐藏总计。

下面的代码将“商品”字段移动到列区域，将“地区”字段移动到行区域，然后隐藏行总计和列总计，如图 9-35 所示。

```
Sub 隐藏行总计和列总计()
    Dim pvt As PivotTable
    Set pvt = Worksheets("数据透视表").PivotTables(1)
    With pvt
        .PivotFields("商品").Orientation = xlColumnField
        .PivotFields("地区").Orientation = xlRowField
        .RowGrand = False
        .ColumnGrand = False
    End With
End Sub
```

	A	B	C	D	E	F
1	负责人	(全部)				
2						
3	销售额	商品				
4	地区	冰箱	电脑	电视	空调	洗衣机
5	北京	11491200	9222600	8368500	2668600	11762900
6	成都	10642800	24948900	20702500	5957600	5538500
7	大连	4768400	19801800	1886500	8351200	8409400
8	广州	12034400	17447700	3353000	3808200	8578500
9	哈尔滨	7543200	7592400	10832500	3663000	6119900
10	济南	9634800	8527200	10472000	9035400	3209100
11	上海	13078800	31008000	4480000	1106600	6024900
12	沈阳	9956800	23352900	9457000	10029800	5635400
13	石家庄	4197200	8088300	12855500	8593200	5844400
14	太原	4029200	2969700	23355500	5027000	5882400
15	天津	11197200	14774400	16996000	8465600	3919700
16	武汉	7509600	22321200	9733500	3058000	2857600
17	长春	7568400	12123900	4480000	5951000	10602000
18	长沙	8962800	12386100	14283500	9015600	4563800
19	重庆	5454400	20924700	8452500	7581200	4022300

图 9-35　隐藏行总计和列总计

9.3.7　设置数据的数字格式

可以为值区域中的数据设置数字格式，比如为表示金额的数字设置货币格式。使用 PivotField 对象的 NumberFormat 属性可以为数据设置数字格式，该格式的设置方法与 Excel 中的"设置单元格格式"对话框的"数字"选项卡中的设置相同。

下面的代码将值区域中的"销售额"字段中包含的数据设置为货币格式，如图 9-36 所示。由于在前面示例中对"销售额"字段进行过重命名而使其末尾包含一个空格，因此在 VBA 代码中引用该字段时也要包含对应的空格。

```
Sub 设置数据的数字格式()
    Dim pvt As PivotTable
    Set pvt = Worksheets("数据透视表").PivotTables(1)
    pvt.PivotFields("销售额 ").NumberFormat = "￥#,##0.00;￥-#,##0.00"
End Sub
```

地区	冰箱	电脑	电视	空调	洗衣机
北京	￥11,491,200.00	￥9,222,600.00	￥8,368,500.00	￥2,668,600.00	￥11,762,900.00
成都	￥10,642,800.00	￥24,948,900.00	￥20,702,500.00	￥5,957,600.00	￥5,538,500.00
大连	￥4,768,400.00	￥19,801,800.00	￥1,886,500.00	￥8,351,200.00	￥8,409,400.00
广州	￥12,034,400.00	￥17,447,700.00	￥3,353,000.00	￥3,808,200.00	￥8,578,500.00
哈尔滨	￥7,543,200.00	￥7,592,400.00	￥10,832,500.00	￥3,663,000.00	￥6,119,900.00
济南	￥9,634,800.00	￥8,527,200.00	￥10,472,000.00	￥9,035,400.00	￥3,209,100.00
上海	￥13,078,800.00	￥31,008,000.00	￥4,480,000.00	￥1,106,600.00	￥6,024,900.00
沈阳	￥9,956,800.00	￥23,352,900.00	￥9,457,000.00	￥10,029,800.00	￥5,635,400.00
石家庄	￥4,197,200.00	￥8,088,300.00	￥12,855,500.00	￥8,593,200.00	￥5,844,400.00
太原	￥4,029,200.00	￥2,969,700.00	￥23,355,500.00	￥5,027,000.00	￥5,882,400.00
天津	￥11,197,200.00	￥14,774,400.00	￥16,996,000.00	￥8,465,600.00	￥3,919,700.00
武汉	￥7,509,600.00	￥22,321,200.00	￥9,733,500.00	￥3,058,000.00	￥2,857,600.00
长春	￥7,568,400.00	￥12,123,900.00	￥4,480,000.00	￥5,951,000.00	￥10,602,000.00
长沙	￥8,962,800.00	￥12,386,100.00	￥14,283,500.00	￥9,015,600.00	￥4,563,800.00
重庆	￥5,454,400.00	￥20,924,700.00	￥8,452,500.00	￥7,581,200.00	￥4,022,300.00

图 9-36　将数据设置为货币格式

9.3.8　设置数据的汇总方式

默认情况下，Excel 对数据透视表中的数值型数据进行自动求和，对文本型数据进行自动计数。用户可以根据需要。使用 PivotField 对象的 Function 属性设置数据的汇总方式。

下面的代码将销售额的汇总方式改为"最大值"，以便显示每种商品的最大销售额，如图 9-37 所示。

```
Sub 设置数据的汇总方式()
    Dim pvt As PivotTable
    Set pvt = Worksheets("数据透视表").PivotTables(1)
    pvt.PivotFields("销售额 ").Function = xlMax
End Sub
```

地区	冰箱	电脑	电视	空调	洗衣机
北京	￥11,491,200.00	￥9,222,600.00	￥8,368,500.00	￥2,668,600.00	￥11,762,900.00
成都	￥10,642,800.00	￥24,948,900.00	￥20,702,500.00	￥5,957,600.00	￥5,538,500.00
大连	￥4,768,400.00	￥19,801,800.00	￥1,886,500.00	￥8,351,200.00	￥8,409,400.00
广州	￥12,034,400.00	￥17,447,700.00	￥3,353,000.00	￥3,808,200.00	￥8,578,500.00
哈尔滨	￥7,543,200.00	￥7,592,400.00	￥10,832,500.00	￥3,663,000.00	￥6,119,900.00
济南	￥9,634,800.00	￥8,527,200.00	￥10,472,000.00	￥9,035,400.00	￥3,209,100.00
上海	￥13,078,800.00	￥31,008,000.00	￥4,480,000.00	￥1,106,600.00	￥6,024,900.00
沈阳	￥9,956,800.00	￥23,352,900.00	￥9,457,000.00	￥10,029,800.00	￥5,635,400.00
石家庄	￥4,197,200.00	￥8,088,300.00	￥12,855,500.00	￥8,593,200.00	￥5,844,400.00
太原	￥4,029,200.00	￥2,969,700.00	￥23,355,500.00	￥5,027,000.00	￥5,882,400.00
天津	￥11,197,200.00	￥14,774,400.00	￥16,996,000.00	￥8,465,600.00	￥3,919,700.00
武汉	￥7,509,600.00	￥22,321,200.00	￥9,733,500.00	￥3,058,000.00	￥2,857,600.00
长春	￥7,568,400.00	￥12,123,900.00	￥4,480,000.00	￥5,951,000.00	￥10,602,000.00
长沙	￥8,962,800.00	￥12,386,100.00	￥14,283,500.00	￥9,015,600.00	￥4,563,800.00
重庆	￥5,454,400.00	￥20,924,700.00	￥8,452,500.00	￥7,581,200.00	￥4,022,300.00

图 9-37　将销售额的汇总方式由求和改为求最大值

187

9.3.9　设置数据的显示方式

　　用户可以根据需要，使用 PivotField 对象的 Calculation 属性设置数据的显示方式。下面的代码将"销售额"字段中数据的显示方式设置为占同列数据总和的百分比，并显示列总计，以便分析同一种商品在不同地区的销售比重，如图 9-38 所示。

```
Sub 设置数据的显示方式()
    Dim pvt As PivotTable
    Set pvt = Worksheets("数据透视表").PivotTables(1)
    pvt.PivotFields("销售额 ").Calculation = xlPercentOfColumn
    pvt.ColumnGrand = True
End Sub
```

	A	B	C	D	E	F
1	负责人	(全部)				
2						
3	销售额	商品				
4	地区	冰箱	电脑	电视	空调	洗衣机
5	北京	8.97%	3.92%	5.24%	2.89%	12.65%
6	成都	8.31%	10.59%	12.96%	6.45%	5.96%
7	大连	3.72%	8.41%	1.18%	9.05%	9.05%
8	广州	9.40%	7.41%	2.10%	4.13%	9.23%
9	哈尔滨	5.89%	3.22%	6.78%	3.97%	6.58%
10	济南	7.52%	3.62%	6.56%	9.79%	3.45%
11	上海	10.21%	13.17%	2.81%	1.20%	6.48%
12	沈阳	7.77%	9.92%	5.92%	10.87%	6.06%
13	石家庄	3.28%	3.43%	8.05%	9.31%	6.29%
14	太原	3.15%	1.26%	14.62%	5.45%	6.33%
15	天津	8.74%	6.27%	10.64%	9.17%	4.22%
16	武汉	5.86%	9.48%	6.09%	3.31%	3.07%
17	长春	5.91%	5.15%	2.81%	6.45%	11.40%
18	长沙	7.00%	5.26%	8.94%	9.77%	4.91%
19	重庆	4.26%	8.89%	5.29%	8.21%	4.33%
20	总计	100.00%	100.00%	100.00%	100.00%	100.00%

图 9-38　设置数据以占同列数据总和的百分比的方式显示

9.3.10　刷新数据透视表

　　如果对数据源中的数据进行了修改，那么可以通过刷新命令使修改后的结果反映到已创建好的数据透视表中，以便于数据源中的数据保持同步。下面的代码将刷新名为"数据透视表"的工作表中的数据透视表数据。

```
Worksheets("数据透视表").PivotTables(1).RefreshTable
```

第 10 章
数据透视表在销售管理中的应用

由于销售数据随着时间的推移将不断发生变化，因此通常需要按照时间段的不同来进行统计和分析，以便销售管理人员能够对未来一段时间的销售情况做出正确的预估和规划。同时，销售数据的实时性要求分析人员快速准确地对其进行整理和分析，数据透视表非常适合完成这类工作。本章将介绍数据透视表在销售管理中的应用，包括汇总产品在各个地区的销售额、分析产品在各个地区的市场占有率、制作销售日报表和月报表等内容。

10.1　汇总产品在各个地区的销售额

第 3 章曾介绍过使用位于多个区域中的数据创建数据透视表的方法，当时的数据分布在多个工作表中。本例中的数据位于同一个工作表不相邻的多个单元格区域中，每个区域中的数据是二维表而非数据列表，使用合并计算功能可以轻松汇总这些数据，并将其作为数据源创建数据透视表以进行统计和分析。

如图 10-1 所示为 2020 年 1～6 月电视、空调、冰箱在东北、华北、华东 3 个地区的销售额明细。

	A	B	C	D	E	F	G	H
1				东北地区				
2	产品	负责人	1月	2月	3月	4月	5月	6月
3	电视	乔阳舒	946571	467059	826924	312570	622885	523584
4	空调	葛如曼	681312	133033	121947	437954	742680	432010
5	冰箱	黎绍臣	503791	925832	153221	109110	612520	986915
6								
7				华北地区				
8	产品	负责人	1月	2月	3月	4月	5月	6月
9	电视	乔阳舒	559094	128807	696451	566195	127614	405232
10	空调	葛如曼	554021	261006	551365	900417	684131	819859
11	冰箱	黎绍臣	718570	499264	947315	698106	177434	214359
12								
13				华东地区				
14	产品	负责人	1月	2月	3月	4月	5月	6月
15	电视	乔阳舒	574341	247107	981812	666343	731270	954834
16	空调	葛如曼	322439	979492	637553	150901	293365	545826
17	冰箱	黎绍臣	938905	795574	658640	466768	264515	147197

图 10-1　产品在 3 个地区的销售额明细

现在要将所有销售数据汇总到一起，为后续的分析做准备，汇总销售数据的操作步骤如下：

（1）依次按 Alt、D、P 键，打开"数据透视表和数据透视图向导"对话框，选中"多重合并计算数据区域"和"数据透视表"单选按钮，然后单击"下一步"按钮，如图 10-2 所示。

（2）进入如图 10-3 所示的界面，选中"自定义页字段"单选按钮，然后单击"下一步"按钮。

图 10-2　"数据透视表和数据透视图向导"对话框

（3）进入如图 10-4 所示的界面，在该界面需要将 3 个单元格区域中的数据区域添加到"所有区域"列表框中，并为每个数据区域设置页字段的名称。

（4）单击"选定区域"右侧的"折叠"按钮⬆将对话框折叠，选择"东北地区"的销售数据所在的 A2:H5 单元格区域，如图 10-5 所示。

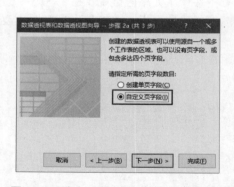

图 10-3　选中"自定义页字段"单选按钮

图 10-4　用于合并多个数据区域的界面

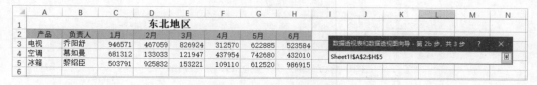

图 10-5　选择第一个数据区域

（5）单击"展开"按钮▣展开对话框，然后单击"添加"按钮，将所选区域添加到"所有区域"列表框中，如图 10-6 所示。

（6）重复第（4）～（5）步，将其他两个数据区域添加到"所有区域"列表框中，结果如图 10-7 所示。

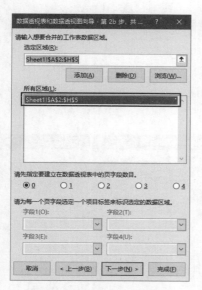 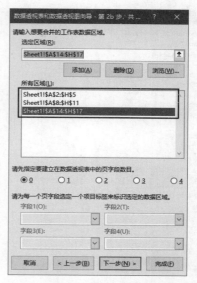

图 10-6　添加第一个数据区域　　　　图 10-7　添加其他两个数据区域

（7）由于在第（2）步选择的是"自定义页字段"，因此接下来需要为各个数据区域设置页字段的名称。在"所有区域"列表框中选择第 1 个数据区域，然后选中"1"单选按钮，在"字段 1"文本框中输入"东北地区"，如图 10-8 所示。

（8）在"所有区域"列表框中选择第 2 个数据区域，然后在"字段 1"文本框中输入"华北地区"，如图 10-9 所示。

 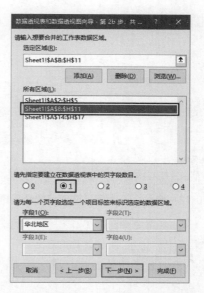

图 10-8　设置第 1 个数据区域的页字段名称　　图 10-9　设置第 2 个数据区域的页字段名称

（9）在"所有区域"列表框中选择第 3 个数据区域，然后在"字段 1"文本框中输入"华东地区"，如图 10-10 所示。

（10）单击"下一步"按钮，进入如图 10-11 所示的界面，选择要在哪个位置创建数据透视表，此处选中"新工作表"单选按钮，然后单击"完成"按钮，创建如图 10-12 所示的数据透视表。

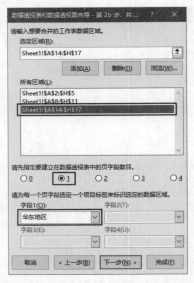

图 10-10　设置第 3 个数据区域的页字段名称　　　图 10-11　选择创建数据透视表的位置

为了让数据透视表看起来更易于理解，接下来需要对数据透视表的布局结构和显示方式进行一些调整，操作步骤如下：

（1）单击数据透视表中的任意一个单元格，在功能区的"数据透视表工具 | 设计"选项卡中单击"报表布局"按钮，然后在弹出的菜单中选择"以表格形式显示"命令，如图 10-13 所示，为数据透视表应用"表格"布局。

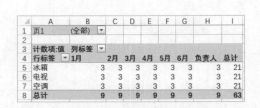

图 10-12　合并 3 个数据区域创建的数据透视表

图 10-13　为数据透视表应用"表格"布局

（2）将报表筛选字段、行字段、列字段、值字段的名称分别修改为"销售地区""产品""月份"和"销售额"，如图 10-14 所示。

（3）右击值区域中的任意一项，在弹出的菜单中选择"值汇总依据" | "求和"命令，如图 10-15 所示，将销售额的汇总方式改为"求和"。

图 10-14　修改字段的名称 图 10-15　将销售额的计算方式改为"求和"

（4）单击"月份"字段右侧的下拉按钮，在打开的列表中取消选中"负责人"复选框，如图 10-16 所示，然后单击"确定"按钮。整理完成的数据透视表如图 10-17 所示。

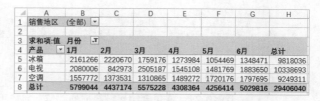

	A	B	C	D	E	F	G	H
1	销售地区	(全部)						
2								
3	求和项:值	月份						
4	产品	1月	2月	3月	4月	5月	6月	总计
5	冰箱	2161266	2220670	1759176	1273984	1054469	1348471	9818036
6	电视	2080006	842973	2505187	1545108	1481769	1883650	10338693
7	空调	1557772	1373531	1310865	1489272	1720176	1797695	9249311
8	总计	5799044	4437174	5575228	4308364	4256414	5029816	29406040

图 10-16　取消选中"负责人"复选框 图 10-17　整理完成的数据透视表

10.2　分析产品在各个地区的市场占有率

本节使用的示例数据来源于 10.1 节制作完成的数据透视表，现在要分析每种产品在各个地区的市场占有率，操作步骤如下：

（1）调整字段的布局。将列区域中的"月份"字段移动到报表筛选区域，将报表筛选区域中的"销售地区"字段移动到列区域，如图 10-18 所示。

	A	B	C	D	E
1	月份	(多项)			
2					
3	求和项:值	销售地区			
4	产品	东北地区	华北地区	华东地区	总计
5	冰箱	3291389	3255048	3271599	9818036
6	电视	3699593	2483393	4155707	10338693
7	空调	2548936	3770799	2929576	9249311
8	总计	9539918	9509240	10356882	29406040

图 10-18　调整字段的布局

（2）右击值区域中的任意一项，在弹出的菜单中选择"值显示方式"|"行汇总的百分比"命令，如图 10-19 所示。将以每种产品在 3 个地区的销售总额作为 100%，计算该种产品在各个地区的销售额占比，即产品在各地区的市场占有率，如图 10-20 所示。

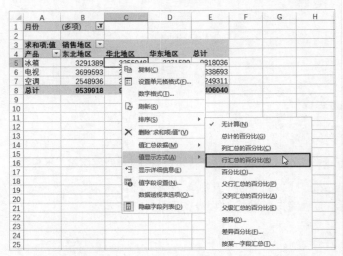

图 10-19　选择"行汇总的百分比"命令

图 10-20　计算每种产品在各个地区的销售额占比

（3）为了同时显示产品在各个地区的市场占有率和销售额，需要在数据透视表的值区域中再添加一个包含销售额数据的"值"字段，得到如图 10-21 所示的结果。

产品	东北地区		华北地区		华东地区		计数项:值汇总	求和项:值汇总
	计数项:值	求和项:值	计数项:值	求和项:值	计数项:值	求和项:值		
冰箱	6	33.52%	6	33.15%	6	33.32%	18	100.00%
电视	6	35.78%	6	24.02%	6	40.20%	18	100.00%
空调	6	27.56%	6	40.77%	6	31.67%	18	100.00%
总计	18	32.44%	18	32.34%	18	35.22%	54	100.00%

图 10-21　将包含销售额数据的"值"字段再次添加到值区域中

（4）右击"计数项：值"字段中的任意一项，在弹出的菜单中选择"值汇总依据"|"求和"命令，将汇总方式改为"求和"，如图 10-22 所示。

产品	东北地区		华北地区		华东地区		求和项:值2汇总	求和项:值汇总
	求和项:值2	求和项:值	求和项:值2	求和项:值	求和项:值2	求和项:值		
冰箱	3291389	33.52%	3255048	33.15%	3271599	33.32%	9818036	100.00%
电视	3699593	35.78%	2483393	24.02%	4155707	40.20%	10338693	100.00%
空调	2548936	27.56%	3770799	40.77%	2929576	31.67%	9249311	100.00%
总计	9539918	32.44%	9509240	32.34%	10356882	35.22%	29406040	100.00%

图 10-22　将新添加的"值"字段的数据汇总方式改为"求和"之后的结果

（5）将"求和项：值"字段的名称修改为"销售额"，将"销售额"字段的名称修改为"市场占有率"，将"值"字段的名称修改为一个空格，然后取消显示行总计，只显示列总计，如图 10-23 所示。

图 10-23　制作完成的数据透视表

10.3　制作销售日报表和月报表

　　面对琐碎繁杂、不断更新的销售数据，使用一般的方法制作日报表和月报表可谓费力不讨好，使用数据透视表可以轻松完成销售日报表和月报表的制作，还能保证汇总结果准确无误。

10.3.1　制作日报表

　　如图 10-24 所示为未按日期排序的销售数据，现在要制作日报表来统计每天的销售额。操作步骤如下：

图 10-24　未按日期排序的销售数据

　　（1）单击数据源中的任意一个单元格，然后在功能区的"插入"选项卡中单击"数据透视表"按钮，如图 10-25 所示。

　　（2）打开"创建数据透视表"对话框，如图 10-26 所示，数据源的完整区域将被自动填入"表/区域"文本框中，保持默认选项不变，直接单击"确定"按钮。

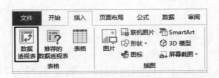

图 10-25　单击"数据透视表"按钮

图 10-26　"创建数据透视表"对话框

（3）在新建的工作表中创建一个空白的数据透视表，在"数据透视表字段"窗格中对字段进行布局，如图 10-27 所示。

- 将"商品名称"字段添加到"筛选"列表框。
- 将"日期"字段添加到"行"列表框。
- 将"销量"和"销售额"两个字段添加到"值"列表框。

（4）将数据透视表的布局设置为"表格"，完成日报表的制作，如图 10-28 所示。

图 10-27　对字段进行布局

	A	B	C
1	商品名称	(全部)	
2			
3	日期	求和项:销量	求和项:销售额
4	2020/1/1	11	27100
5	2020/1/2	15	35800
6	2020/1/3	2	4600
7	2020/1/4	10	29400
8	2020/1/5	13	58000
9	2020/1/6	3	6400
10	2020/1/7	10	22000
11	2020/1/8	24	54400
12	2020/1/9	13	76100
13	2020/1/10	10	23500
14	2020/1/11	37	160900
15	2020/1/12	10	22900
16	2020/1/13	15	90300
17	2020/1/14	4	27600
18	2020/1/15	26	117000
19	2020/1/16	10	60200
20	2020/1/17	28	61600
21	2020/1/18	5	9400

图 10-28　制作完成的日报表

提示：在将"日期"字段添加到行区域时，Excel 默认会自动对日期按"月"分组，按 Ctrl+Z 快捷键撤销该操作，即可显示每一天的日期。

10.3.2　制作月报表

本小节在 10.3.1 节制作好的日报表的基础上制作月报表，操作步骤如下：

（1）右击"日期"字段中的任意一项，在弹出的菜单中选择"组合"命令，如图 10-29 所示。

图 10-29　选择"组合"命令

（2）打开"组合"对话框，在"步长"列表框中选择"月"，然后单击"确定"按钮，如图 10-30 所示。将日期按"月"分组，得到按月汇总销售数据的月报表，如图 10-31 所示。

图 10-30　设置分组选项

图 10-31　制作完成的月报表

10.3.3　使用数据透视图分析月销售趋势

为了便于观察月销售情况，可以将月报表中的数据以图表的形式展示出来。本小节使用 10.3.2 节制作好的月报表来创建数据透视图，操作步骤如下：

（1）单击数据透视表中的任意一个单元格，在功能区的"数据透视表工具 | 分析"选项卡中单击"数据透视图"按钮，如图 10-32 所示。

图 10-32　单击"数据透视图"按钮

（2）打开"插入图表"对话框，在左侧选择"折线图"，然后在右侧选择"带数据标记的折线图"图表类型，如图10-33所示，然后单击"确定"按钮。

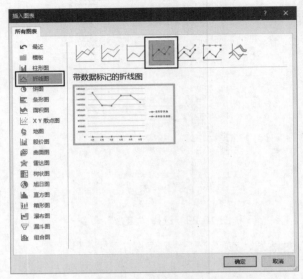

图10-33　选择"带数据标记的折线图"图表类型

（3）创建的数据透视图如图10-34所示，可以查看月销售趋势。但是由于该数据透视图中有两个数据系列，而它们的数值差异较大，因此需要调整两个数据系列的格式，以便它们都能正确地显示在数据透视图中。

（4）在数据透视图中右击表示销售额的数据系列，然后在弹出的菜单中选择"设置数据系列格式"命令，如图10-35所示。

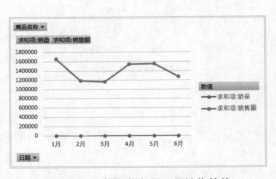

图10-34　在图表中显示月销售趋势

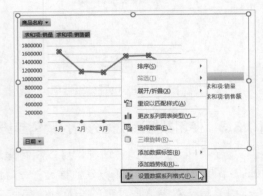

图10-35　选择"设置数据系列格式"命令

（5）打开"设置数据系列格式"窗格，在"系列选项"选项卡中选中"次坐标轴"单选按钮，如图10-36所示。

（6）单击"设置数据系列格式"窗格右上角的叉子关闭该窗格，在绘图区的右侧新增一个纵坐标轴，并在其上显示用于标识销售额的刻度值，如图10-37所示。

（7）右击任意一个数据系列，在弹出的菜单中选择"更改系列图表类型"命令，打开"更改图表类型"对话框，单击销量数据系列右侧的下拉按钮，然后在打开的列表中选择"簇状柱形图"图表类型，如图10-38所示。

图 10-36　选中"次坐标轴"单选按钮

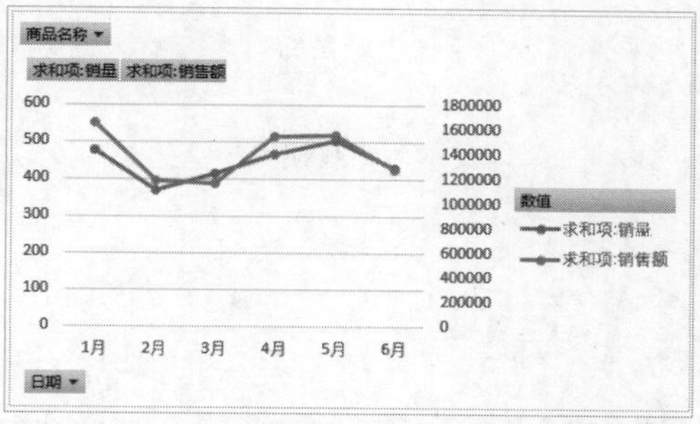

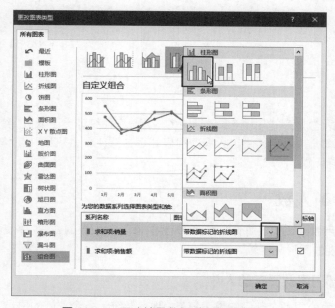

图 10-37　在右侧的坐标轴上显示用于标识销售额的刻度值

图 10-38　更改销量数据系列的图表类型

（8）单击"确定"按钮，关闭"更改图表类型"对话框，得到如图 10-39 所示的数据透视图。

（9）将图例的名称分别从"求和项：销量"和"求和项：销售额"改为"销量"和"销售额"，然后添加名为"销量和销售额趋势分析"的图表标题，完成后的数据透视图如图 10-40 所示。

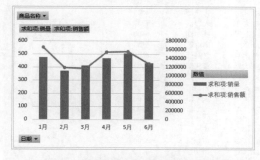

图 10-39　将销量数据系列改为簇状柱形图

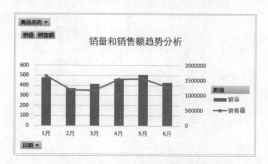

图 10-40　制作完成的数据透视图

第 11 章
数据透视表在人力资源管理中的应用

本章将介绍数据透视表在人力资源管理中的应用，包括统计员工人数、统计员工学历情况、统计员工年龄分布情况等内容。使用数据透视表处理这些工作，可以让工作变得简单高效，而且确保统计结果准确无误。

11.1   统计员工人数

本节将介绍使用数据透视表统计公司各部门男、女员工人数的方法，并使用数据透视图对男、女员工人数进行直观的图形化比较。

11.1.1   统计各部门男女员工的人数

如图 11-1 所示为公司各个部门的员工信息，现在要统计各个部门的男员工和女员工的人数，操作步骤如下：

	A	B	C	D	E	F	G
1	员工编号	姓名	性别	年龄	学历	部门	工资
2	1	崔弘化	女	37	硕士	销售部	5000
3	2	方完	男	33	大本	市场部	7100
4	3	邵任恋	男	45	大专	财务部	7600
5	4	岳诗槐	女	41	硕士	人力部	4600
6	5	历凝琴	男	42	大本	市场部	7700
7	6	赖彰	女	32	高中	技术部	6400
8	7	魏央	男	38	硕士	市场部	6100
9	8	景傲薇	男	47	大专	财务部	6800
10	9	全梓衡	女	29	大专	销售部	4000
11	10	程合	男	46	硕士	销售部	3700
12	11	徐嘲	女	46	高中	人力部	3300
13	12	卫侑	男	31	大本	技术部	5500
14	13	应伏	女	32	大本	市场部	6200
15	14	田千	女	20	硕士	财务部	4900
16	15	宫效宇	女	50	硕士	人力部	5100
17	16	牛书桃	女	47	大专	市场部	3600
18	17	法帅	男	31	大专	市场部	4600
19	18	牛庭	男	27	硕士	技术部	6100
20	19	邵圭	男	34	大专	销售部	3800

图 11-1   员工信息

（1）单击数据源中的任意一个单元格，然后在功能区的"插入"选项卡中单击"数据透视表"按钮，如图 11-2 所示。

（2）打开"创建数据透视表"对话框，如图 11-3 所示，数据源的完整区域将被自动填入"表 / 区域"文本框中，保持默认选项不变，直接单击"确定"按钮。

（3）在新建的工作表中创建一个空白的数据透视表，在"数据透视表字段"窗格中对字段进行布局，如图 11-4 所示。

- 将"部门"字段添加到"行"列表框。
- 将"性别"字段添加到"列"列表框。
- 将"姓名"字段添加到"值"列表框。

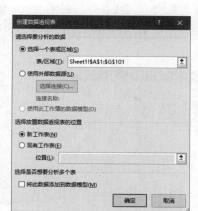

图 11-2　单击"数据透视表"按钮　　图 11-3　"创建数据透视表"对话框

图 11-4　对字段进行布局

（4）单击数据透视表中的任意一个单元格，在功能区的"数据透视表工具 | 设计"选项卡中单击"报表布局"按钮，然后在弹出的菜单中选择"以表格形式显示"命令，如图 11-5 所示，为数据透视表应用"表格"布局。完成后的数据透视表如图 11-6 所示，统计出各个部门男员工和女员工的人数。

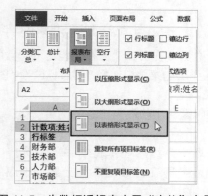

图 11-5　为数据透视表应用"表格"布局

	A	B	C	D
1				
2	计数项:姓名	性别 ▼		
3	部门　　▼	男	女	总计
4	财务部	7	16	23
5	技术部	10	9	19
6	人力部	10	11	21
7	市场部	11	10	21
8	销售部	8	8	16
9	总计	46	54	100

图 11-6　统计各部门男、女员工的人数

11.1.2　使用图表直观对比男女员工的人数差异

为了直观对比各个部门男员工和女员工的人数差异，可以将数据透视表中的数据绘制到数据透视图上，操作步骤如下：

（1）单击数据透视表中的任意一个单元格，在功能区的"数据透视表工具 | 分析"选项卡中单击"数据透视图"按钮，如图 11-7 所示。

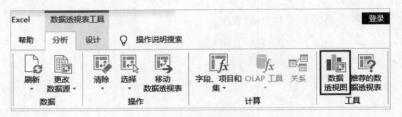

图 11-7　单击"数据透视图"按钮

（2）打开"插入图表"对话框，在左侧选择"柱形图"图表类型，然后在右侧选择该类型下的"三维簇状柱形图"图表子类型，如图 11-8 所示。单击"确定"按钮，创建如图 11-9 所示的数据透视图。

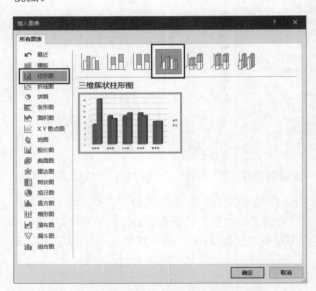

图 11-8　选择"三维簇状柱形图"图表子类型

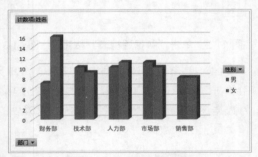

图 11-9　创建三维簇状柱形图

（3）单击数据透视图中的图表区，将选中整个数据透视图。然后在功能区的"数据透视图工具 | 设计"选项卡中单击"添加图表元素"按钮，在弹出的菜单中选择"图表标题" | "图表上方"命令，如图 11-10 所示。

（4）将在数据透视图的顶部添加图表标题，将标题文字修改为"各部门男女员工人数对比分析"，如图 11-11 所示。

（5）在数据透视图中右击表示"男"的数据系列，然后在弹出的菜单中选择"添加数据标签" | "添加数据标签"命令，如图 11-12 所示，将在该数据系列上显示相应的值，如图 11-13 所示。

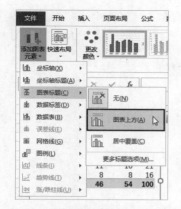

图 11-10　选择"图表上方"命令

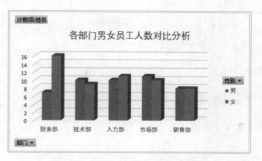

图 11-11　添加图表标题

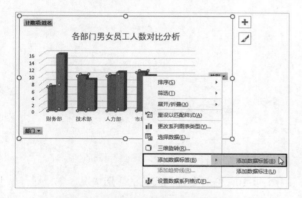

图 11-12　选择"添加数据标签"命令

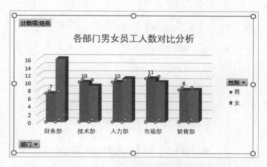

图 11-13　为"男"数据系列添加具体的值

（6）使用类似的方法为表示"女"的数据系列也添加具体的值，完成后的数据透视图如图 11-14 所示。

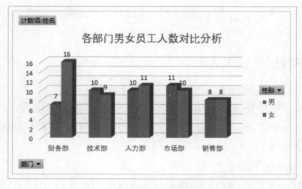

图 11-14　制作完成的数据透视图

11.2　统计各部门员工的学历情况

员工是企业蓬勃发展的生命支柱，详细了解各个部门员工的学历情况，对公司未来的发展和人员招聘大有帮助。使用数据透视表可以快速统计出公司各个部门员工的学历情况。本节使用的示例数据来源于 11.1.1 节制作完成的数据透视表，在"数据透视表字段"窗格中对字段进行布局，如图 11-15 所示，将统计出拥有硕士、大本、大专等学历的员工人数，如图 11-16所示。

- 将"学历"字段添加到"行"列表框。
- 将"部门"字段添加到"列"列表框。
- 将"姓名"字段添加到"值"列表框。

图 11-15　对字段进行布局

	A	B	C	D	E	F	G
1							
2	计数项:姓名	部门					
3	学历	财务部	技术部	人力部	市场部	销售部	总计
4	硕士	8	3	6	6	2	25
5	大本	4	6	4	6	5	25
6	大专	6	3	8	6	6	29
7	高中	5	7	3	3	3	21
8	总计	23	19	21	21	16	100

图 11-16　统计各部门员工的学历情况

11.3　统计员工年龄的分布情况

公司员工的年龄分布情况直接影响员工招聘计划的指定与实施。人力资源部门应该对不同年龄段的员工进行统计与管理，为公司的蓬勃发展做好人员储备工作。使用数据透视表可以轻松完成员工年龄的统计和分析工作。

11.3.1　统计各个年龄段的员工人数

统计各个年龄段员工人数的操作步骤如下：

（1）本小节使用的示例数据来源于 11.1.1 节制作完成的数据透视表，在"数据透视表字段"窗格中对字段进行布局，如图 11-17 所示，得到如图 11-18 所示的数据透视表。

- 将"年龄"字段添加到"行"列表框。
- 将"性别"字段添加到"列"列表框。
- 将"姓名"字段添加到"值"列表框。

（2）为了按年龄段来统计员工人数，需要对年龄分组。右击"年龄"字段中的任意一项，在弹出的菜单中选择"组合"命令，如图 11-19 所示。

（3）打开"组合"对话框，在"起始于"和"终止于"两个文本框中分别自动填入了数据透视表中的最小年龄（20）和最大年龄（50）。将"终止于"设置为 59，并将"步长"设置为10，如图 11-20 所示。

图 11-17　对字段进行布局

图 11-18　统计各个年龄的员工人数

（4）单击"确定"按钮，统计出各个年龄段的员工人数，将"年龄"字段的名称改为"年龄段"，如图 11-21 所示。

图 11-19　选择"组合"命令

图 11-20　设置分组选项

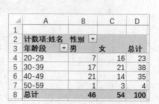

图 11-21　统计各个年龄段的员工人数

11.3.2　使用图表展示员工年龄段的分布情况

为了让各个年龄段的员工人数分布情况更直观，可以将统计出来的数据绘制到图表上，以图形的方式呈现统计结果。本小节使用的示例数据来源于 11.3.1 节制作完成的数据透视表，操作步骤如下：

（1）在数据透视表中选择包含统计结果的核心数据，即 A3:C7 单元格区域，如图 11-22 所示，然后按 Ctrl+C 快捷键复制所选区域。

（2）在数据透视表所在的工作簿中新建一个工作表，在该工作表中单击 A1 单元格，然后按 Ctrl+V 快捷键，将复制的数据粘贴到以 A1 为左上角单元格的区域中，如图 11-23 所示。

	A	B	C	D
1				
2	计数项:姓名	性别		
3	年龄段	男	女	总计
4	20-29	7	16	23
5	30-39	17	21	38
6	40-49	21	14	35
7	50-59	1	3	4
8	总计	46	54	100

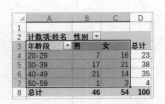

图 11-22　选择 A3:C7 单元格区域

	A	B	C
1	年龄段	男	女
2	20-29	7	16
3	30-39	17	21
4	40-49	21	14
5	50-59	1	3

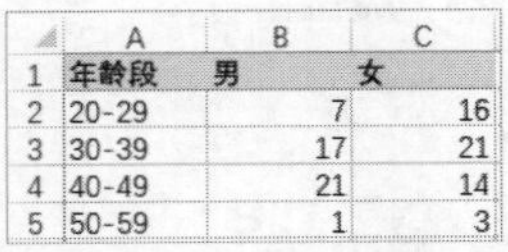

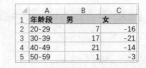

图 11-23　将复制的数据粘贴到新的区域

（3）在任意一个空单元格（如 E1）中输入“-1”，选择该单元格，然后按 Ctrl+C 快捷键复制该值，如图 11-24 所示。

（4）选择第（2）步粘贴数据后女员工数据所在的 C2:C5 单元格区域，右击选区，在弹出的菜单中选择“选择性粘贴”命令，如图 11-25 所示。

	A	B	C	D	E
1	年龄段	男	女		-1
2	20-29	7	16		
3	30-39	17	21		
4	40-49	21	14		
5	50-59	1	3		

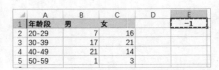

图 11-24　复制单元格中的值

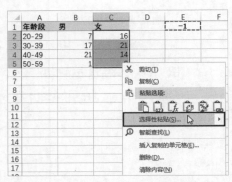

图 11-25　选择“选择性粘贴”命令

（5）打开“选择性粘贴”对话框，选中“数值”和“乘”两个单选按钮，如图 11-26 所示，然后单击“确定”按钮。

（6）通过将女员工所在区域中的数据与 -1 相乘，将它们转换为负值，如图 11-27 所示。

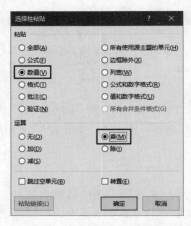

图 11-26　设置选择性粘贴的选项

	A	B	C
1	年龄段	男	女
2	20-29	7	-16
3	30-39	17	-21
4	40-49	21	-14
5	50-59	1	-3

图 11-27　将女员工数据转换为负值

（7）单击 A1:C5 单元格区域中的任意一个单元格，在功能区的“插入”选项卡中单击“插入柱形图或条形图”按钮，然后在弹出的菜单中选择“簇状条形图”，如图 11-28 所示。

（8）在工作表中创建一个簇状条形图，在簇状条形图中右击横坐标轴，在弹出的菜单中选择“设置坐标轴格式”命令，如图 11-29 所示。

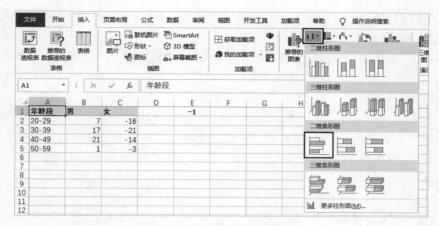

图 11-28　选择"簇状条形图"

（9）打开"设置坐标轴格式"窗格，在"坐标轴选项"选项卡中展开"数字"类别，然后在"格式代码"文本框中输入"0;0;0"，如图 11-30 所示，这样可以让图表中的负数显示为正数。

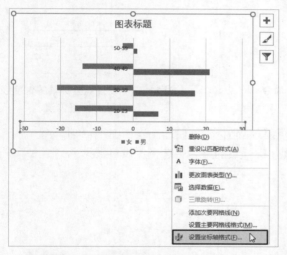

图 11-29　选择"设置坐标轴格式"命令

图 11-30　自定义数字格式

（10）单击"格式代码"文本框右侧的"添加"按钮，然后关闭"设置坐标轴格式"窗格，此时横坐标轴中的负数全都显示为正数，如图 11-31 所示。

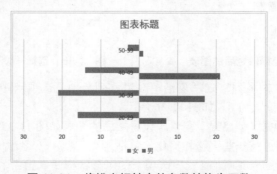

图 11-31　将横坐标轴中的负数转换为正数

（11）在图表中右击垂直坐标轴，然后在弹出的菜单中选择"设置坐标轴格式"命令，如图 11-32 所示。

（12）打开"设置坐标轴格式"窗格，在"坐标轴选项"选项卡中，展开"刻度线"类别，将"主要刻度线类型"和"次要刻度线类型"均设置为"无"。然后展开"标签"类别，将"标签位置"设置为"低"，如图 11-33 所示。

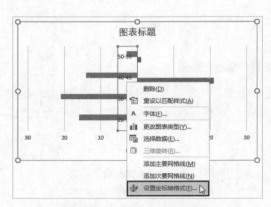

图 11-32　选择"设置坐标轴格式"命令

图 11-33　设置纵坐标轴的刻度线
类型和标签位置

（13）关闭"设置坐标轴格式"窗格，设置纵坐标轴之后的图表如图 11-34 所示。

（14）右击图表中的任意一个数据系列，在弹出的菜单中选择"设置数据系列格式"命令，如图 11-35 所示。

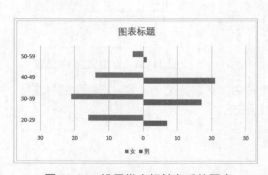

图 11-34　设置纵坐标轴之后的图表

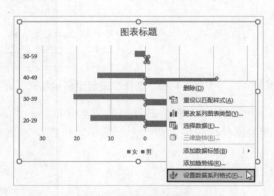

图 11-35　选择"设置数据系列格式"命令

（15）打开"设置数据系列格式"窗格，在"系列选项"选项卡中将"系列重叠"设置为100%，将"间隙宽度"设置为 0，如图 11-36 所示。

（16）关闭"设置数据系列格式"窗格，设置之后的图表如图 11-37 所示。

（17）对图表的细节进行一些调整和美化，包括：

● 使用功能区的"图表工具|格式"选项卡的"形状样式"组中的命令，为两个数据系列设置形状样式，如图 11-38 所示。

图 11-36　设置数据系列的重叠和间距

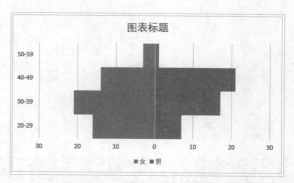

图 11-37　调整数据系列后的图表

- 使用功能区的"图表工具 | 设计"选项卡中的"添加图表元素"按钮,为图表添加标题和数据标签,如图 11-39 所示。在添加数据标签之后,需要将数据标签的数字格式设置为"0;0;0",方法与第(9)步操作相同。如图 11-40 所示为制作完成的图表。

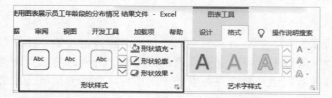

图 11-38　使用"形状样式"组中的命令为数据系列设置格式

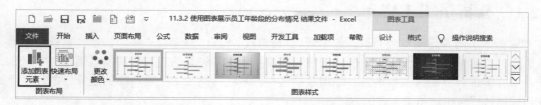

图 11-39　使用"添加图表元素"按钮为图表添加标题和数据标签

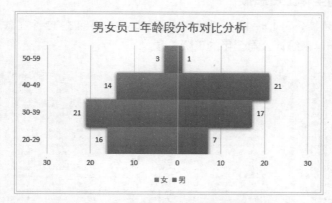

图 11-40　男女员工年龄段分布的对比条形图

第 12 章 数据透视表在财务管理中的应用

由于财务数据庞大繁杂，在统计和分析财务数据时很容易出错，由此可能还会导致惨重的经济损失。如果在财务管理中应用数据透视表来进行统计分析，将极大地改进数据处理的速度和准确率。本章将介绍数据透视表在财务管理中的应用，包括分析员工工资和分析财务报表两部分内容。

12.1 分析员工工资

财务人员需要定期对公司员工的工资进行核算，并按“月”和“年”统计公司各个部门及其员工的工资情况。由于工资涉及的细目较多，采用手工计算的方式很容易出错。为了提高工作效率并确保计算结果的准确性，使用数据透视表来统计员工工资是不错的选择。本节将介绍使用数据透视表统计员工工资的方法。

12.1.1 统计公司全年工资总额

如图 12-1 所示为某公司 1 ～ 12 月份的工资明细，它们保存在 12 个工作表中，现在要将 12 个月的工资汇总到一起来统计公司全年的工资总额。

编号	姓名	性别	部门	基本工资	补助	奖金	应发合计	住房公积金	三险	个人所得税	实发合计
1	历忻与	女	技术部	¥6,300.00	¥109.00	¥145.00	¥6,554.00	¥228.00	¥237.00	¥488.35	¥5,600.65
2	辛海菡	女	技术部	¥5,600.00	¥279.00	¥133.00	¥6,012.00	¥191.00	¥190.00	¥419.65	¥5,211.35
3	贝宣慕	女	技术部	¥9,500.00	¥108.00	¥167.00	¥9,775.00	¥224.00	¥161.00	¥1,103.00	¥8,287.00
4	蒋余	男	人力部	¥6,500.00	¥141.00	¥218.00	¥6,859.00	¥128.00	¥239.00	¥548.80	¥5,943.20
5	怀瑞浩	女	人力部	¥9,500.00	¥135.00	¥178.00	¥9,813.00	¥164.00	¥169.00	¥1,121.00	¥8,359.00
6	成徽	女	财务部	¥6,800.00	¥264.00	¥192.00	¥7,256.00	¥173.00	¥156.00	¥614.05	¥6,312.95
7	顾不	男	市场部	¥5,400.00	¥137.00	¥300.00	¥5,837.00	¥258.00	¥132.00	¥392.05	¥5,054.95
8	于蚨弘	男	人力部	¥9,600.00	¥275.00	¥174.00	¥10,049.00	¥148.00	¥147.00	¥1,175.80	¥8,578.20
9	罗绮寒	女	财务部	¥7,600.00	¥201.00	¥233.00	¥8,034.00	¥189.00	¥148.00	¥764.40	¥6,932.60
10	锺囍	男	市场部	¥5,300.00	¥195.00	¥225.00	¥5,720.00	¥176.00	¥152.00	¥383.80	¥5,008.20
11	红妙风	男	市场部	¥9,800.00	¥147.00	¥115.00	¥10,062.00	¥171.00	¥197.00	¥1,163.80	¥8,530.20
12	段坚	女	技术部	¥7,200.00	¥168.00	¥296.00	¥7,664.00	¥128.00	¥212.00	¥689.80	¥6,634.20
13	阮葭琪	女	市场部	¥3,100.00	¥242.00	¥263.00	¥3,605.00	¥202.00	¥168.00	¥98.50	¥3,136.50
14	欧会	男	人力部	¥6,900.00	¥263.00	¥277.00	¥7,440.00	¥220.00	¥109.00	¥647.20	¥6,463.80
15	董维范	女	财务部	¥4,400.00	¥141.00	¥189.00	¥4,730.00	¥266.00	¥190.00	¥216.10	¥4,057.90
16	左声	男	财务部	¥3,400.00	¥100.00	¥146.00	¥3,646.00	¥103.00	¥159.00	¥113.40	¥3,270.60
17	龙雅志	女	人力部	¥3,300.00	¥135.00	¥125.00	¥3,560.00	¥123.00	¥174.00	¥101.30	¥3,161.70
18	云宏峻	女	技术部	¥4,200.00	¥113.00	¥194.00	¥4,507.00	¥202.00	¥190.00	¥192.25	¥3,922.75
19	古人颀	男	人力部	¥8,100.00	¥289.00	¥279.00	¥8,668.00	¥130.00	¥120.00	¥908.60	¥7,509.40
20	鲁侗	女	市场部	¥8,100.00	¥110.00	¥210.00	¥8,420.00	¥167.00	¥255.00	¥824.60	¥7,173.40
21	韩觅易	男	技术部	¥6,500.00	¥244.00	¥294.00	¥7,038.00	¥189.00	¥114.00	¥585.25	¥6,149.75
22	沙律	男	市场部	¥5,900.00	¥272.00	¥168.00	¥6,340.00	¥133.00	¥300.00	¥461.05	¥5,445.95

1月 | 2月 | 3月 | 4月 | 5月 | 6月 | 7月 | 8月 | 9月 | 10月 | 11月 | 12月

图 12-1 1 ～ 12 月份的工资明细

由于本例要汇总的数据分布在 12 个工作表中，而且每个工作表中的列数较多，如果按照第 10 章的方法使用"合并计算"功能来汇总这些数据将变得非常烦琐且容易出错，因此本例将使用 SQL 查询来汇总 12 个月的工资，操作步骤如下：

（1）打开包含 12 个月工资明细的工作簿，在其中新建一个工作表。单击 A1 单元格，然后在功能区的"数据"选项卡中单击"现有连接"按钮，如图 12-2 所示。

（2）打开"现有连接"对话框，单击"浏览更多"按钮，如图 12-3 所示。

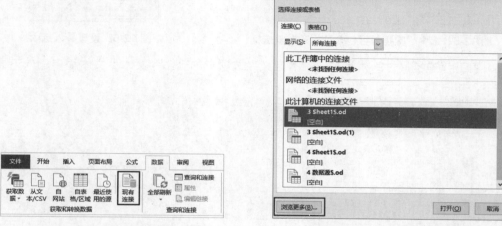

图 12-2　单击"现有连接"按钮　　　　图 12-3　单击"浏览更多"按钮

（3）打开"选取数据源"对话框，选择当前工作簿，即包含工资明细的工作簿，如图 12-4 所示，然后单击"打开"按钮。

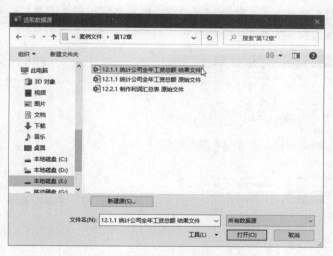

图 12-4　选择包含工资明细的工作簿

（4）打开"选择表格"对话框，在列表框中选择任意一个表格，确保选中"数据首行包含列标题"复选框，如图 12-5 所示，然后单击"确定"按钮。

（5）打开"导入数据"对话框，选中"数据透视表"单选按钮，然后单击"属性"按钮，如图 12-6 所示。

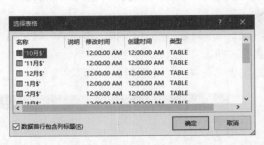

图 12-5　选中"数据首行包含列标题"复选框

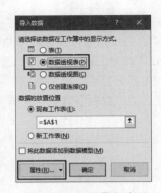

图 12-6　设置导入选项

（6）打开"连接属性"对话框，在"定义"选项卡的"命令文本"文本框中输入下面的
SQL 命令，如图 12-7 所示。

```
select '1月' as 月份,*  from [1月$] union
select '2月' as 月份,*  from [2月$] union
select '3月' as 月份,*  from [3月$] union
select '4月' as 月份,*  from [4月$] union
select '5月' as 月份,*  from [5月$] union
select '6月' as 月份,*  from [6月$] union
select '7月' as 月份,*  from [7月$] union
select '8月' as 月份,*  from [8月$] union
select '9月' as 月份,*  from [9月$] union
select '10月' as 月份,* from [10月$] union
select '11月' as 月份,* from [11月$] union
select '12月' as 月份,* from [12月$]
```

（7）单击两次"确定"按钮，关闭之前打开的对话框。Excel 将在第（1）步新建的工作表
中创建一个空白的数据透视表，在"数据透视表字段"窗格中对字段进行布局，如图 12-8 所示。
布局字段之后的数据透视表如图 12-9 所示。

图 12-7　在"命令文本"文本框中输入 SQL 命令

图 12-8　对字段进行布局

- 将"姓名"和"部门"两个字段添加到"筛选"列表框。
- 将"月份"字段添加到"行"列表框。
- 将其他包含金额的字段添加到"值"列表框，并按照工资明细表中的排列顺序，在列表框中排列这些字段。

行标签	求和项:基本工资	求和项:补助	求和项:奖金	求和项:应发合计	求和项:住房公积金	求和项:三险	求和项:个人所得税	求和项:实发合计
10月	315800	9438	9276	334514	10076	9754	27330.95	287353.05
11月	317500	10001	9549	337050	9307	9694	28321.85	289727.15
12月	308000	9520	10267	327787	10140	10318	26543.3	280785.7
1月	323200	9632	9999	342831	9593	9269	28839.95	295129.05
2月	324900	10229	9722	344851	9615	9853	29374.8	296008.2
3月	314100	9547	9956	333603	9881	9744	27198.95	286779.05
4月	356800	8794	9548	375142	10162	9924	34434.7	320621.3
5月	335900	10186	10366	356452	9657	10584	31261.85	304949.15
6月	322400	10566	10487	343453	10203	10403	29067.7	293779.3
7月	332300	10302	9788	352390	10062	9564	30924.7	301839.3
8月	313500	10064	10350	333914	9979	10414	27148.35	286372.65
9月	358000	10686	10220	378906	9827	10017	34918.75	324143.25
总计	3922400	118965	119528	4160893	118502	119538	355365.85	3567487.15

图 12-9　布局字段之后的数据透视表

（8）在"月份"字段中选择"10 月""11 月"和"12 月"三项，然后使用鼠标拖动这三项，将它们移动到"9 月"字段项的下方，如图 12-10 所示。

图 12-10　调整月份的排列顺序

（9）将值区域中每个字段名称的"求和项："删除，并在每个名称的结尾输入一个空格，然后将数据透视表的布局设置为"表格"，如图 12-11 所示。

月份	基本工资	补助	奖金	应发合计	住房公积金	三险	个人所得税	实发合计
1月	323200	9632	9999	342831	9593	9269	28839.95	295129.05
2月	324900	10229	9722	344851	9615	9853	29374.8	296008.2
3月	314100	9547	9956	333603	9881	9744	27198.95	286779.05
4月	356800	8794	9548	375142	10162	9924	34434.7	320621.3
5月	335900	10186	10366	356452	9657	10584	31261.85	304949.15
6月	322400	10566	10487	343453	10203	10403	29067.7	293779.3
7月	332300	10302	9788	352390	10062	9564	30924.7	301839.3
8月	313500	10064	10350	333914	9979	10414	27148.35	286372.65
9月	358000	10686	10220	378906	9827	10017	34918.75	324143.25
10月	315800	9438	9276	334514	10076	9754	27330.95	287353.05
11月	317500	10001	9549	337050	9307	9694	28321.85	289727.15
12月	308000	9520	10267	327787	10140	10318	26543.3	280785.7
总计	3922400	118965	119528	4160893	118502	119538	355365.85	3567487.15

图 12-11　设置字段名称和表格布局

（10）选择数据透视表中的所有表示金额的数字，然后在功能区的"开始"选项卡中打开"数字格式"下拉列表，从中选择"货币"，如图 12-12 所示。将所有金额显示为货币格式，完成公司全年工资总额的汇总统计，如图 12-13 所示。

图 12-12　为表示金额的数字设置货币格式

月份	基本工资	补助	奖金	应发合计	住房公积金	三险	个人所得税	实发合计
1月	¥323,200.00	¥9,632.00	¥9,999.00	¥342,831.00	¥9,593.00	¥9,269.00	¥28,839.95	¥295,129.05
2月	¥324,900.00	¥10,229.00	¥9,722.00	¥344,851.00	¥9,615.00	¥9,853.00	¥29,374.80	¥296,008.20
3月	¥314,100.00	¥9,547.00	¥9,956.00	¥333,603.00	¥9,881.00	¥9,744.00	¥27,198.95	¥286,779.05
4月	¥356,800.00	¥8,794.00	¥9,548.00	¥375,142.00	¥10,162.00	¥9,924.00	¥34,434.70	¥320,621.30
5月	¥335,900.00	¥10,186.00	¥10,366.00	¥356,452.00	¥9,657.00	¥10,584.00	¥31,261.85	¥304,949.15
6月	¥322,400.00	¥10,566.00	¥10,487.00	¥343,453.00	¥10,203.00	¥10,403.00	¥29,067.70	¥293,779.30
7月	¥332,300.00	¥10,302.00	¥9,788.00	¥352,390.00	¥10,062.00	¥9,564.00	¥30,924.70	¥301,839.30
8月	¥313,500.00	¥10,064.00	¥10,350.00	¥333,914.00	¥9,979.00	¥10,414.00	¥27,148.35	¥286,372.65
9月	¥358,000.00	¥10,686.00	¥10,220.00	¥378,906.00	¥9,827.00	¥10,017.00	¥34,918.75	¥324,143.25
10月	¥315,800.00	¥9,438.00	¥9,276.00	¥334,514.00	¥10,076.00	¥9,754.00	¥27,330.95	¥287,353.05
11月	¥317,500.00	¥10,001.00	¥9,549.00	¥337,050.00	¥9,307.00	¥9,694.00	¥28,321.85	¥289,727.15
12月	¥308,000.00	¥9,520.00	¥10,267.00	¥327,787.00	¥10,140.00	¥10,318.00	¥26,543.30	¥280,785.70
总计	¥3,922,400.00	¥118,965.00	¥119,528.00	¥4,160,893.00	¥118,502.00	¥119,538.00	¥355,365.85	¥3,567,487.15

图 12-13　统计公司全年工资总额

12.1.2　统计各个部门的全年工资总额

本小节使用的示例数据来源于 12.1.1 节制作完成的数据透视表，在"数据透视表字段"窗格中对字段进行布局，如图 12-14 所示，将统计出各个部门的全年工资总额，如图 12-15 所示。

- 将"姓名"和"月份"两个字段添加到"筛选"列表框。
- 将"部门"字段添加到"行"列表框。
- 将"实发合计"字段添加到"值"列表框。

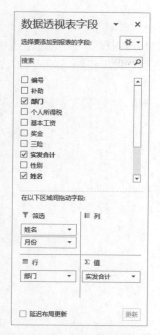

	A	B
1	姓名	(全部)
2	月份	(全部)
3		
4	部门	实发合计
5	财务部	¥649,686.85
6	技术部	¥907,308.65
7	人力部	¥1,140,404.30
8	市场部	¥870,087.35
9	总计	¥3,567,487.15

图 12-14　对字段进行布局　　　　　　图 12-15　统计各个部门的全年工资总额

12.1.3　统计每个员工的全年工资总额

本小节使用的示例数据来源于 12.1.1 节制作完成的数据透视表，在"数据透视表字段"窗格中对字段进行布局，如图 12-16 所示，将统计出每个员工的全年工资总额，如图 12-17 所示。

- 将"月份"和"部门"字段添加到"筛选"列表框。
- 将"姓名"字段添加到"行"列表框。
- 将其他包含金额的字段添加到"值"列表框。

	A	B	C	D	E	F	G	H	I
1	月份	(全部)							
2	部门	(全部)							
3									
4	姓名	基本工资	补助	奖金	应发合计	住房公积金	三险	个人所得税	实发合计
5	贝宣春	¥78,800.00	¥2,396.00	¥2,349.00	¥83,545.00	¥2,428.00	¥2,420.00	¥6,993.10	¥71,703.90
6	岑萌萱	¥78,100.00	¥2,318.00	¥2,221.00	¥82,639.00	¥2,556.00	¥2,353.00	¥7,142.30	¥70,587.70
7	曾蕴和	¥74,600.00	¥2,468.00	¥2,256.00	¥79,324.00	¥2,206.00	¥2,378.00	¥6,512.15	¥68,227.85
8	陈孤白	¥77,600.00	¥2,642.00	¥2,266.00	¥82,508.00	¥2,194.00	¥2,261.00	¥6,934.25	¥71,118.75
9	成徽	¥78,500.00	¥2,640.00	¥2,657.00	¥83,797.00	¥2,623.00	¥2,159.00	¥7,227.45	¥71,787.55
10	党飞捷	¥88,800.00	¥2,467.00	¥2,319.00	¥93,586.00	¥2,540.00	¥2,300.00	¥8,988.30	¥79,757.70
11	董维范	¥78,800.00	¥2,341.00	¥2,190.00	¥83,331.00	¥2,454.00	¥2,366.00	¥7,182.50	¥71,328.50
12	段坚	¥73,200.00	¥2,305.00	¥2,236.00	¥77,741.00	¥2,243.00	¥2,590.00	¥6,126.95	¥66,781.05
13	古人倾	¥70,700.00	¥2,644.00	¥2,627.00	¥75,971.00	¥2,250.00	¥2,274.00	¥5,978.50	¥65,468.50
14	顾不	¥62,800.00	¥2,052.00	¥2,225.00	¥67,077.00	¥2,473.00	¥2,216.00	¥4,534.55	¥57,853.45
15	管寒铄	¥82,500.00	¥2,422.00	¥2,533.00	¥87,455.00	¥2,323.00	¥2,716.00	¥7,725.90	¥74,690.10
16	韩觅易	¥71,200.00	¥2,533.00	¥2,551.00	¥76,284.00	¥2,500.00	¥1,989.00	¥6,021.35	¥65,773.65
17	红妙风	¥82,200.00	¥2,287.00	¥2,329.00	¥86,816.00	¥1,960.00	¥2,240.00	¥7,707.65	¥74,908.35
18	洪绿萍	¥74,300.00	¥2,698.00	¥2,373.00	¥79,371.00	¥2,320.00	¥2,418.00	¥6,506.50	¥68,126.50
19	怀瑞浩	¥83,200.00	¥2,460.00	¥2,338.00	¥87,998.00	¥2,451.00	¥2,589.00	¥7,867.15	¥75,090.85
20	蒋余	¥81,600.00	¥1,965.00	¥2,293.00	¥85,858.00	¥2,376.00	¥2,175.00	¥7,547.70	¥73,759.30

图 12-16　对字段进行布局　　　　　　图 12-17　统计每个员工的全年工资总额

12.1.4 统计每个员工的月工资额

本小节使用的示例数据来源于 12.1.1 节制作完成的数据透视表，在"数据透视表字段"窗格中对字段进行布局，如图 12-18 所示，将统计出每个员工的月工资额，如图 12-19 所示。

- 将"部门"字段添加到"筛选"列表框。
- 将"姓名"和"月份"两个字段添加到"行"列表框，"姓名"字段是外部行字段，"月份"字段是内部行字段。
- 将其他包含金额的字段添加到"值"列表框。

图 12-18　对字段进行布局

姓名	月份	基本工资	补助	奖金	应发合计	住房公积金	三险	个人所得税	实发合计
贝宣蕾	1月	¥9,500.00	¥108.00	¥167.00	¥9,775.00	¥224.00	¥161.00	¥1,103.00	¥8,287.00
	2月	¥5,400.00	¥182.00	¥191.00	¥5,773.00	¥278.00	¥262.00	¥359.95	¥4,873.05
	3月	¥5,000.00	¥200.00	¥269.00	¥5,469.00	¥286.00	¥128.00	¥333.25	¥4,721.75
	4月	¥7,000.00	¥271.00	¥140.00	¥7,411.00	¥203.00	¥273.00	¥615.25	¥6,319.75
	5月	¥7,900.00	¥264.00	¥224.00	¥8,388.00	¥103.00	¥208.00	¥840.40	¥7,236.60
	6月	¥5,900.00	¥263.00	¥281.00	¥6,444.00	¥169.00	¥202.00	¥485.95	¥5,587.05
	7月	¥4,100.00	¥158.00	¥249.00	¥4,507.00	¥153.00	¥185.00	¥200.35	¥3,968.65
	8月	¥6,800.00	¥163.00	¥133.00	¥7,096.00	¥179.00	¥150.00	¥590.05	¥6,176.95
	9月	¥6,700.00	¥276.00	¥117.00	¥7,093.00	¥263.00	¥278.00	¥557.80	¥5,994.20
	10月	¥4,100.00	¥180.00	¥133.00	¥4,413.00	¥139.00	¥132.00	¥196.30	¥3,945.70
	11月	¥8,500.00	¥113.00	¥299.00	¥8,912.00	¥246.00	¥292.00	¥899.80	¥7,474.20
	12月	¥7,900.00	¥218.00	¥146.00	¥8,264.00	¥185.00	¥149.00	¥811.00	¥7,119.00
贝宣蕾 汇总		¥78,800.00	¥2,396.00	¥2,349.00	¥83,545.00	¥2,428.00	¥2,420.00	¥6,993.10	¥71,703.90
岑萌萱	1月	¥8,900.00	¥112.00	¥218.00	¥9,230.00	¥122.00	¥187.00	¥1,009.20	¥7,911.80
	2月	¥3,400.00	¥140.00	¥167.00	¥3,707.00	¥296.00	¥199.00	¥96.20	¥3,115.80
	3月	¥4,800.00	¥144.00	¥256.00	¥5,200.00	¥236.00	¥120.00	¥301.60	¥4,542.40
	4月	¥6,000.00	¥110.00	¥161.00	¥6,271.00	¥245.00	¥224.00	¥445.30	¥5,356.70
	5月	¥8,500.00	¥218.00	¥102.00	¥8,820.00	¥102.00	¥270.00	¥914.60	¥7,533.40
	6月	¥9,600.00	¥254.00	¥241.00	¥10,095.00	¥222.00	¥282.00	¥1,143.20	¥8,447.80
	7月	¥9,100.00	¥271.00	¥228.00	¥9,599.00	¥243.00	¥237.00	¥1,048.80	¥8,070.20
	8月	¥4,000.00	¥136.00	¥137.00	¥4,273.00	¥225.00	¥214.00	¥158.40	¥3,675.60
	9月	¥5,800.00	¥272.00	¥270.00	¥6,342.00	¥132.00	¥122.00	¥488.20	¥5,599.80
	10月	¥8,700.00	¥258.00	¥137.00	¥9,095.00	¥222.00	¥173.00	¥965.00	¥7,735.00
	11月	¥3,200.00	¥120.00	¥114.00	¥3,434.00	¥227.00	¥130.00	¥82.70	¥2,994.30
	12月	¥6,100.00	¥283.00	¥190.00	¥6,573.00	¥284.00	¥195.00	¥489.10	¥5,604.90
岑萌萱 汇总		¥78,100.00	¥2,318.00	¥2,221.00	¥82,639.00	¥2,556.00	¥2,353.00	¥7,142.30	¥70,587.70

图 12-19　统计每个员工的月工资额

12.2　分析财务报表

除了分析工资之外，还可以使用数据透视表对利润表中的数据进行汇总，然后基于汇总结果轻松制作月报、季报、半年报和年报。本节除了介绍以上这些内容之外，还将介绍在数据透视表中使用计算项来制作累计报表的方法。

12.2.1　制作利润汇总表

如图 12-20 所示为 1 ～ 12 月份的利润表，分别存储在 12 个工作表中。现在要汇总这些数据，以便分析公司的整体利润情况，操作步骤如下：

	利 润 表	
	2020年1月	
		单位：元
项　目		本月数
一、主营业务收入		8983816
减：主营业务成本		520798
主营业务税金及附加		713201
二、主营业务利润（亏损以负号填列）		7749817
加：其他业务利润（亏损以负号填列）		70801
减：营业费用		61571
管理费用		69880
财务费用		86455
三、营业利润（亏损以负号填列）		7602712
加：投资收益（亏损以负号填列）		96265
补贴收入		56922
营业外收入		89169
减：营业外支出		50009
四、利润总额（亏损以负号填列）		7795059
减：所得税		1774935
五、净利润（净利润以负号填列）		6020124

图 12-20　1 ～ 12 月份的利润表

（1）依次按 Alt、D、P 键，打开"数据透视表和数据透视图向导"对话框，选中"多重合并计算数据区域"和"数据透视表"单选按钮，然后单击"下一步"按钮，如图 12-21 所示。

（2）进入如图 12-22 所示的界面，选中"创建单页字段"单选按钮，然后单击"下一步"按钮。

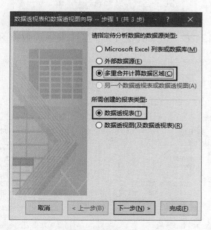

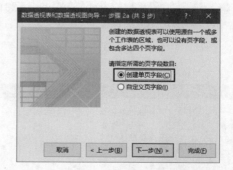

图 12-21　"数据透视表和数据透视图向导"对话框　　**图 12-22　选中"创建单页字段"单选按钮**

（3）进入如图 12-23 所示的界面，需要将 12 个工作表中的数据区域添加到"所有区域"列表框中。单击"选定区域"右侧的"折叠"按钮↑，折叠对话框。单击"1 月"工作表标签，然后选择该工作表中的数据区域 B4:C20，如图 12-24 所示。

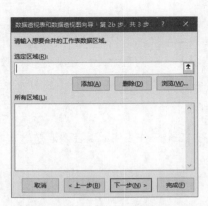

图 12-23　用于合并多个数据区域的界面　　　　图 12-24　选择"1 月"工作表中的数据区域

（4）单击"展开"按钮，展开对话框，然后单击"添加"按钮，将所选区域添加到"所有区域"列表框中，如图 12-25 所示。

（5）重复第（3）～（4）步操作，将其他 11 个工作表中的数据区域添加到"所有区域"列表框中，如图 12-26 所示，然后单击"下一步"按钮。

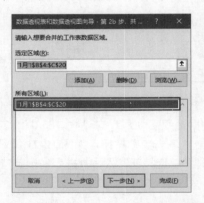

图 12-25　添加"1 月"工作表中的数据区域　　　图 12-26　添加其他 11 个工作表中的数据区域

（6）进入如图 12-27 所示的界面，选择要在哪个位置创建数据透视表，此处选中"新工作表"单选按钮，然后单击"完成"按钮，创建如图 12-28 所示的数据透视表。

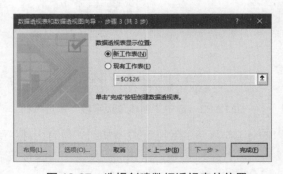

图 12-27　选择创建数据透视表的位置　　　图 12-28　将多个利润表中的数据合并到一起

（7）对数据透视表进行一些调整，首先为数据透视表应用"表格"布局。然后将数据透视表中的各个项目排列为正确的顺序，使用鼠标拖动项目将其移动到所需的位置即可。如图 12-29 所示是将 A 列中的项目调整为正确顺序之后的数据透视表。

（8）修改各个字段的名称：将"页 1"字段重命名为"月份"，将"行"字段重命名为"项目"，将"本月数"字段重命名为"金额"。将"求和项：值"和"列"两个字段重命名为空格，然后将行总计隐藏起来。如图 12-30 所示为完成这些设置之后的数据透视表。

	A	B	C
1	页1	(全部)	
2			
3	求和项:值	列	
4	行	本月数	总计
5	一、主营业务收入	89898854	89898854
6	减：主营业务成本	8665171	8665171
7	主营业务税金及附加	9090798	9090798
8	二、主营业务利润（亏损以负号填列）	72142885	72142885
9	加：其他业务利润（亏损以负号填列）	893967	893967
10	减：营业费用	883368	883368
11	管理费用	867583	867583
12	财务费用	860693	860693
13	三、营业利润（亏损以负号填列）	70425208	70425208
14	加：投资收益（亏损以负号填列）	1029989	1029989
15	补贴收入	788175	788175
16	营业外收入	945372	945372
17	减：营业外支出	907538	907538
18	四、利润总额（亏损以负号填列）	72281206	72281206
19	减：所得税	18263865	18263865
20	五、净利润（净利润以负号填列）	54017341	54017341
21	总计		401962013	401962013

图 12-29　调整项目的排列顺序

	A	B	C
1	月份	(全部)	
2			
3			
4	项目	金额	总计
5	一、主营业务收入	89898854	89898854
6	减：主营业务成本	8665171	8665171
7	主营业务税金及附加	9090798	9090798
8	二、主营业务利润（亏损以负号填列）	72142885	72142885
9	加：其他业务利润（亏损以负号填列）	893967	893967
10	减：营业费用	883368	883368
11	管理费用	867583	867583
12	财务费用	860693	860693
13	三、营业利润（亏损以负号填列）	70425208	70425208
14	加：投资收益（亏损以负号填列）	1029989	1029989
15	补贴收入	788175	788175
16	营业外收入	945372	945372
17	减：营业外支出	907538	907538
18	四、利润总额（亏损以负号填列）	72281206	72281206
19	减：所得税	18263865	18263865
20	五、净利润（净利润以负号填列）	54017341	54017341
21	总计	401962013	401962013

图 12-30　修改字段名称并隐藏行总计之后的数据透视表

注意：将"求和项：值"和"列"两个字段重命名为空格时，它们的空格数量不能相同，否则将被 Excel 视为字段重名。

（9）单击"月份"字段右侧的下拉按钮，在打开的列表中显示类似"项 1""项 2"的内容，如图 12-31 所示。

（10）需要将"月份"字段中各项的名称修改为相应的月份。由于无法直接对报表筛选字段中的项进行重命名，所以先将"月份"字段移动到行区域，如图 12-32 所示。

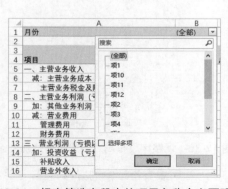

图 12-31　报表筛选字段中的项目名称含义不明确

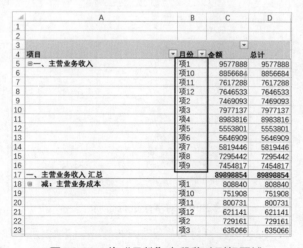

图 12-32　将"月份"字段移动到行区域

（11）将位于行区域的"月份"字段中的各项名称修改为对应的月份，比如将"项 1"改为"1 月"，将"项 10"改为"10 月"，并按顺序排列各个月份，如图 12-33 所示。

（12）修改完成之后，将"月份"字段移回报表筛选区域，此时在"月份"字段的下拉列表中将显示正确的月份名称，如图 12-34 所示。

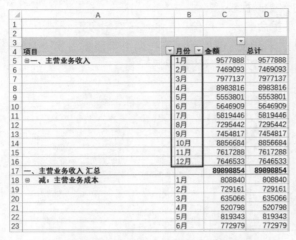

图 12-33　修改"月份"字段中的各项名称

图 12-34　显示正确的月份名称

12.2.2　制作月报、季报和年报

为了制作月报表、季度报表和年报表，需要对"月份"字段进行分组，操作步骤如下：

（1）本小节使用的示例数据来源于 12.2.1 节制作完成的数据透视表，在"数据透视表字段"窗格中对字段进行布局，如图 12-35 所示。布局字段之后的数据透视表如图 12-36 所示。

- 将"项目"字段添加到"筛选"列表框。
- 将"月份"字段添加到"行"列表框。

图 12-35　对字段进行布局

图 12-36　调整字段布局之后的数据透视表

（2）选择"月份"字段中的"1 月""2 月"和"3 月"，然后右击选中的任意一项，在弹出的菜单中选择"组合"命令，如图 12-37 所示。

（3）将创建第一个组，选择该组名称所在的单元格（如 A5），然后输入"第一季度"并按Enter 键，如图 12-38 所示。

图 12-37　选择"组合"命令

图 12-38　创建第一个组并为其设置名称

（4）重复第（2）～（3）步操作，为"4 月""5 月""6 月"创建名为"第二季度"的组，为"7 月""8 月""9 月"创建名为"第三季度"的组，为"10 月""11 月""12 月"创建名为"第四季度"的组，然后将行区域中的"月份 2"字段的名称修改为"季报"，如图 12-39 所示。

（5）右击"季报"字段中的任意一项，在弹出的菜单中取消选择"分类汇总'季报'"命令，如图 12-40 所示，将对"季度"字段进行的分类汇总隐藏起来。

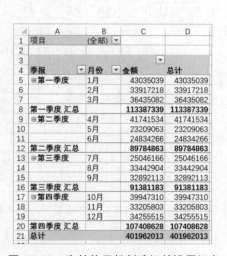

图 12-39　为其他月份创建组并设置组名

图 12-40　取消选择"分类汇总'季报'"命令

（6）选择"季报"字段中的"第一季度"和"第二季度"，然后右击选中的任意一项，在弹出的菜单中选择"组合"命令，如图 12-41 所示。

（7）将第一季度和第二季度创建为一组，然后将该组的名称设置为"上半年"。使用相同的方法，将第三季度和第四季度创建为一组，并将其命名为"下半年"，如图 12-42 所示。

（8）右击新增的"月份 2"字段中的任意一项，在弹出的菜单中取消选择"分类汇总'月份 2'"命令，如图 12-43 所示。

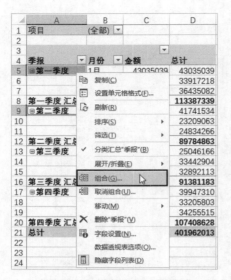

图 12-41　选择"组合"命令

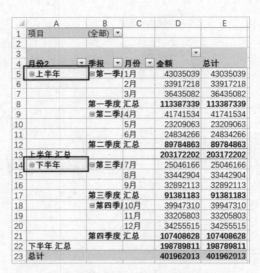

图 12-42　将 4 个季度创建为两组

（9）执行第（8）步操作之后将隐藏对"月份 2"字段的分类汇总，然后将"月份 2"字段的名称设置为"半年报"，如图 12-44 所示。

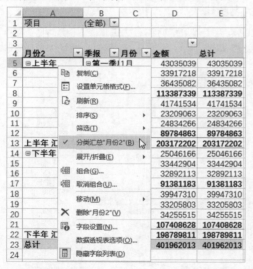

图 12-43　取消选择"分类汇总'月份 2'"命令

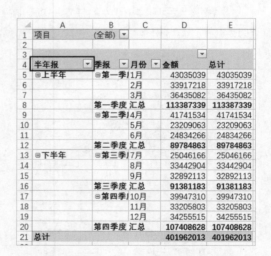

图 12-44　隐藏分类汇总并设置字段的名称

（10）选择"半年报"字段中的"上半年"和"下半年"，然后右击选中的任意一项，在弹出的菜单中选择"组合"命令，如图 12-45 所示。

（11）将"上半年"和"下半年"创建为一组，将该组的名称设置为"全年"，然后将新增的"月份 3"字段的名称设置为"年报"，并隐藏"年报"字段中的分类汇总，如图 12-46 所示。

（12）将创建第一个分组时的"月份"字段名称设置为"月报"，然后在"数据透视表字段"窗格中对字段进行布局，如图 12-47 所示。完成后的数据透视表如图 12-48 所示。

- 将"月报""季报""半年报"和"年报"4 个字段移动到"筛选"列表框。
- 将"项目"字段移动到"行"列表框。

图 12-45　选择"组合"命令

图 12-46　将"上半年"和"下半年"创建为一组

图 12-47　对字段进行布局

	A	B	C
1	月报	(全部)	
2	季报	(全部)	
3	半年报	(全部)	
4	年报	(全部)	
5			
6			
7	项目	金额	总计
8	一、主营业务收入	89898854	89898854
9	减：主营业务成本	8665171	8665171
10	主营业务税金及附加	9090798	9090798
11	二、主营业务利润（亏损以负号填列）	72142885	72142885
12	加：其他业务利润（亏损以负号填列）	893967	893967
13	减：营业费用	883368	883368
14	管理费用	867583	867583
15	财务费用	860693	860693
16	三、营业利润（亏损以负号填列）	70425208	70425208
17	加：投资收益（亏损以负号填列）	1029989	1029989
18	补贴收入	788175	788175
19	营业外收入	945372	945372
20	减：营业外支出	907538	907538
21	四、利润总额（亏损以负号填列）	72281206	72281206
22	减：所得税	18263865	18263865
23	五、净利润（净利润以负号填列）	54017341	54017341
24	总计	401962013	401962013

图 12-48　完成后的数据透视表

　　以后可以使用报表筛选区域中的字段灵活查看不同的报表类型。例如，单击"季报"字段右侧的下拉按钮，在打开的列表中选择"第三季度"，如图 12-49 所示，在数据透视表中将只显示第三季度的数据，如图 12-50 所示。

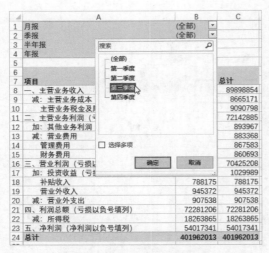

图 12-49　选择要查看的时间段

	A	B	C
1	月报	(全部)	
2	季报	第三季度	
3	半年报	(全部)	
4	年报	(全部)	
5			
6			
7	项目	金额	总计
8	一、主营业务收入	20569705	20569705
9	减：主营业务成本	2205204	2205204
10	主营业务税金及附加	2111979	2111979
11	二、主营业务利润（亏损以负号填列）	16252522	16252522
12	加：其他业务利润（亏损以负号填列）	234789	234789
13	减：营业费用	222294	222294
14	管理费用	197314	197314
15	财务费用	200320	200320
16	三、营业利润（亏损以负号填列）	15867383	15867383
17	加：投资收益（亏损以负号填列）	213653	213653
18	补贴收入	211981	211981
19	营业外收入	257098	257098
20	减：营业外支出	263289	263289
21	四、利润总额（亏损以负号填列）	16286826	16286826
22	减：所得税	5065472	5065472
23	五、净利润（净利润以负号填列）	11221354	11221354
24	总计	91381183	91381183

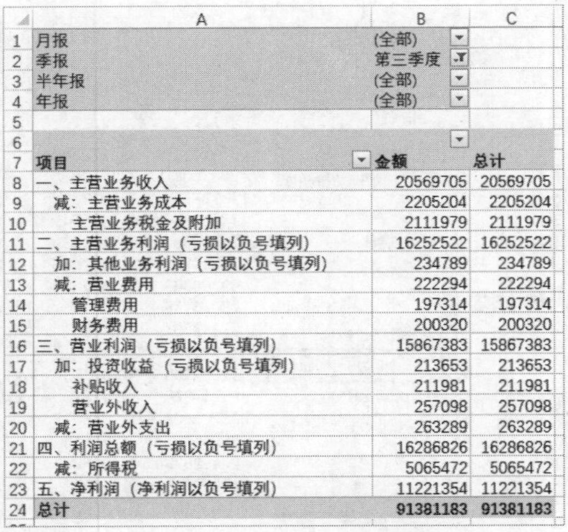

图 12-50　只显示特定时间段的数据

12.2.3　制作累计报表

累计报表是指数据随着时间的推移而进行累计求和。例如，第一季度累计报表包含 1 ～ 3 月的数据，第二季度累计报表包含 1 ～ 6 月的数据，第三季度累计报表包含 1 ～ 9 月的数据，第四季度累计报表包含 1 ～ 12 月的数据。

用户可以通过在数据透视表中创建计算项来制作累计报表，操作步骤如下：

（1）本小节使用的示例数据来源于 12.2.1 节制作完成的数据透视表，在“数据透视表字段”窗格中对字段进行布局，如图 12-51 所示。布局字段之后的数据透视表如图 12-52 所示。

- 将“项目”字段添加到“筛选”列表框。
- 将“月份”字段添加到“行”列表框。

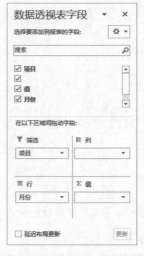

图 12-51　对字段进行布局

	A	B	C
1	项目	(全部)	
2			
3			
4	月份	金额	总计
5	1月	43035039	43035039
6	2月	33917218	33917218
7	3月	36435082	36435082
8	4月	41741534	41741534
9	5月	23209063	23209063
10	6月	24834266	24834266
11	7月	25046166	25046166
12	8月	33442904	33442904
13	9月	32892113	32892113
14	10月	39947310	39947310
15	11月	33205803	33205803
16	12月	34255515	34255515
17	总计	401962013	401962013

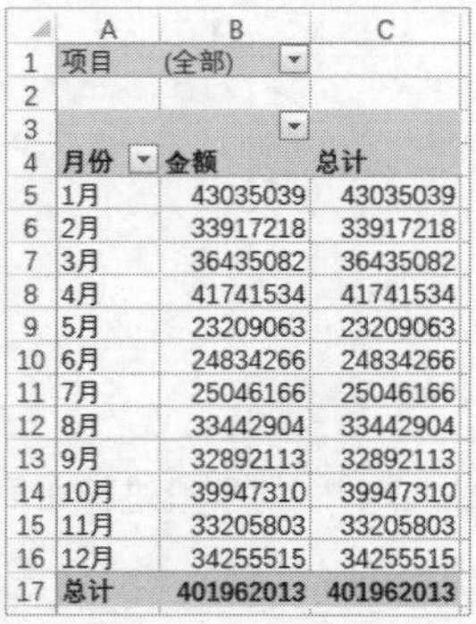

图 12-52　调整字段布局之后的数据透视表

（2）单击“月份”字段中的任意一项，在功能区的“数据透视表工具 | 分析”组中单击“字段、项目和集”按钮，然后在弹出的菜单中选择“计算项”命令，如图 12-53 所示。

（3）打开"在'月份'中插入计算字段"对话框，进行以下几项设置，如图 12-54 所示。

- 在"名称"文本框中输入"第一季度累计报"。
- 删除"公式"文本框中的 0。
- 单击"公式"文本框内部，然后在"字段"列表框中选择"月份"，在右侧的"项"列表框中分别双击"1 月""2 月"和"3 月"，将它们添加到"公式"文本框中，再在它们之间输入加号。

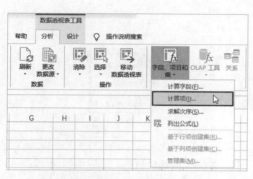

图 12-53　选择"计算项"命令

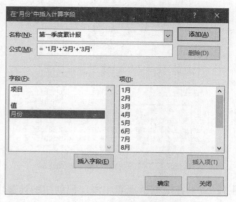

图 12-54　设置计算项

（4）单击"添加"按钮，将创建的"第一季度累计报"计算项添加到"项"列表框，如图 12-55 所示。

（5）使用类似的方法，创建"第二季度累计报""第三季度累计报""第四季度累计报""半年累计报"和"全年累计报"几个计算项，如图 12-56 所示。各计算项的公式如下：

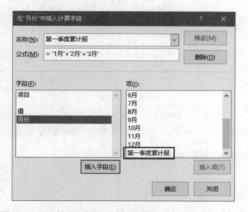

图 12-55　将创建的计算项添加到"项"列表框

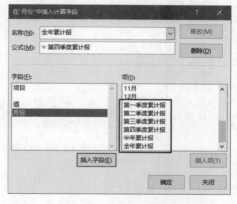

图 12-56　创建所有的计算项

```
第二季度累计报：='1月'+'2月'+'3月'+'4月'+'5月'+'6月'
第三季度累计报：='1月'+'2月'+'3月'+'4月'+'5月'+'6月'+'7月'+'8月'+'9月'
第四季度累计报：='1月'+'2月'+'3月'+'4月'+'5月'+'6月'+'7月'+'8月'+'9月'+'10月'+'11月'+'12月'
半年累计报：=第二季度报
全年累计报：=第四季度报
```

（6）创建好所有计算项之后，单击"确定"按钮，"在'月份'中插入计算字段"对话框，将在数据透视表中添加这些计算项，如图 12-57 所示。

（7）将"月份"移动到"列"列表框中，将"项目"字段移动到"行"列表框中。然后单击"月份"字段右侧的下拉列表，在打开的列表中只选中与季度累计报和年累计报相关的选项，如图 12-58 所示。

图 12-57　在数据透视表中添加已创建的计算项　　　**图 12-58　筛选"月份"字段中的项**

（8）单击"确定"按钮，在数据透视表中将只显示季度累计报和年累计报的数据，如图 12-59 所示。

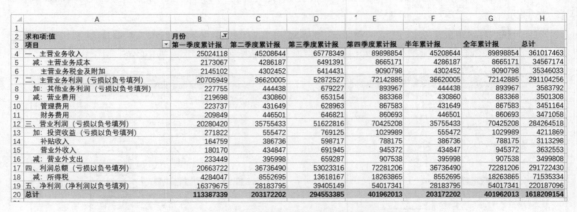

图 12-59　只显示季度累计报和年累计报数据

第 13 章
数据透视表在学校管理中的应用

学校的日常管理需要统计和分析大量数据，包括对教师各方面情况的统计、对学生考勤和学习成绩的统计。由于学校师生人数众多，数据量庞大，使用数据透视表汇总和分析这些相关数据将显著提高数据处理效率，并降低处理的复杂度。本章将介绍数据透视表在学校管理中的应用，包括统计师资情况、统计学生考勤情况和学生成绩等内容。

13.1　统计师资情况

师资情况对一所学校的教学质量起着决定性的作用，平时应该对学校的师资情况了如指掌。本节将介绍使用数据透视表统计教师学历水平、男女教师比例、各学科教师人数的方法。

13.1.1　统计各学科教师的学历水平

如图 13-1 所示为所有教师的基本信息，现在要统计各学科教师的学历水平分布情况，操作步骤如下：

（1）单击数据源中的任意一个单元格，然后在功能区的"插入"选项卡中单击"数据透视表"按钮，如图 13-2 所示。

编号	姓名	性别	年龄	学历	学科
1	邵仲	女	28	硕士	物理
2	章郴茵	女	30	硕士	英语
3	蒋建义	男	44	大本	英语
4	闻圣	男	43	硕士	数学
5	戴甜蜜	男	46	硕士	数学
6	寇芷蓝	女	34	博士	物理
7	凤瑜佳	男	31	硕士	语文
8	金静晓	男	29	博士	语文
9	毕书同	女	45	硕士	物理
10	闵单	女	37	大专	语文
11	廖冶	女	38	博士	语文
12	贝坪	男	39	大本	物理
13	盖芯匀	男	42	大专	数学
14	康尔榔	男	35	博士	数学
15	潘玉宸	男	44	大本	物理
16	戚劬	男	32	博士	数学
17	皮巧彤	女	37	大专	语文
18	楚白真	女	41	硕士	物理
19	冯召	女	26	硕士	物理

图 13-1　教师的基本信息

图 13-2　单击"数据透视表"按钮

（2）打开"创建数据透视表"对话框，如图 13-3 所示，数据源的完整区域将被自动填入"表/区域"文本框中，保持默认选项不变，直接单击"确定"按钮。

（3）在新建的工作表中创建一个空白的数据透视表，在"数据透视表字段"窗格中对字段进行布局，如图 13-4 所示。

- 将"学科"字段添加到"行"列表框。
- 将"学历"字段添加到"列"列表框。
- 将"姓名"字段添加到"值"列表框。

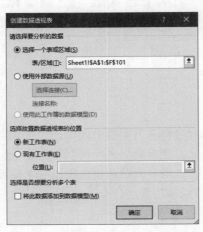

图 13-3 "创建数据透视表"对话框

图 13-4 对字段进行布局

（4）将数据透视表的布局设置为"表格"，统计出各学科教师的学历水平的分布情况，如图 13-5 所示。

（5）在 E7 单元格中没有数字，是一个空单元格。为了让空单元格显示 0，可以右击数据透视表中的任意一项，在弹出的菜单中选择"数据透视表选项"命令，如图 13-6 所示。

图 13-5 统计各学科教师的学历水平

图 13-6 选择"数据透视表选项"命令

（6）打开"数据透视表选项"对话框，在"布局和格式"选项卡中选中"对于空单元格，显示"复选框，然后在右侧的文本框中输入"0"，如图 13-7 所示。

（7）单击“确定”按钮，关闭“数据透视表选项”对话框，在 E7 单元格中自动填入 0，如图 13-8 所示。

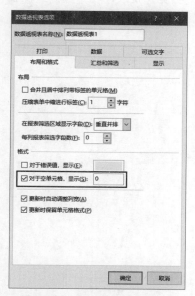

图 13-7　设置空单元格的显示内容

	A	B	C	D	E	F
1						
2	计数项:姓名	学历				
3	学科	博士	硕士	大本	大专	总计
4	化学	6	5	1	7	19
5	数学	6	6	4	6	22
6	物理	2	8	5	6	21
7	英语	6	6	7	0	19
8	语文	5	6	6	2	19
9	总计	25	31	23	21	100

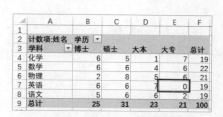

图 13-8　使用 0 填充空单元格

13.1.2　统计各学科教师人数

本小节使用的示例数据来源于 13.1.1 节制作完成的数据透视表，在“数据透视表字段”窗格中对字段进行布局，如图 13-9 所示，将统计出各学科教师的人数，如图 13-10 所示。

- 将“学科”字段添加到“行”列表框。
- 将“姓名”字段添加到“值”列表框。

图 13-9　对字段进行布局

	A	B
1		
2	学科	计数项:姓名
3	化学	19
4	数学	22
5	物理	21
6	英语	19
7	语文	19
8	总计	100

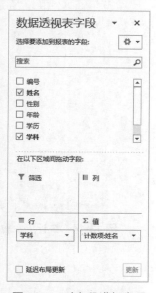

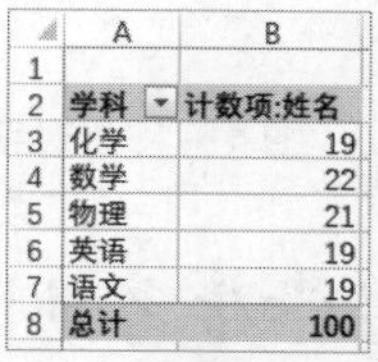

图 13-10　统计各学科教师的人数

13.1.3 统计男女教师比例

本小节使用的示例数据来源于 13.1.1 节制作完成的数据透视表，在"数据透视表字段"窗格中对字段进行布局，如图 13-11 所示，将统计出男女教师的人数，如图 13-12 所示。

- 将"性别"字段添加到"列"列表框。
- 将"姓名"字段添加到"值"列表框。

图 13-11　对字段进行布局

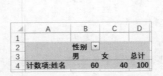

图 13-12　统计男女教师的人数

为了显示男女教师人数各自占总人数的百分比，可以右击值区域中的任意一项，在弹出的菜单中选择"值显示方式"|"行汇总的百分比"命令，如图 13-13 所示，即可统计出男女教师的比例，如图 13-14 所示。

图 13-13　对字段进行布局

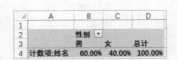

图 13-14　统计男女教师的比例

13.2　统计学生考勤情况

老师应该随时关注学生的考勤和病假情况，以便及时发现问题并进行处理。本节将介绍使用数据透视表统计学生迟到次数和病假次数的方法。

13.2.1　统计学生迟到次数

如图 13-15 所示所有学生的考勤情况，现在要统计每个学生的迟到次数，操作步骤如下：

（1）单击数据源中的任意一个单元格，然后在功能区的"插入"选项卡中单击"数据透视表"按钮，如图 13-16 所示。

图 13-15　学生的考勤情况

图 13-16　单击"数据透视表"按钮

（2）打开"创建数据透视表"对话框，如图 13-17 所示，数据源的完整区域将被自动填入"表 / 区域"文本框中，保持默认选项不变，直接单击"确定"按钮。

（3）在新建的工作表中创建一个空白的数据透视表，在"数据透视表字段"窗格中对字段进行布局，如图 13-18 所示。

- 将"日期"和"姓名"两个字段添加到"行"列表框。
- 将"迟到"字段添加到"值"列表框。

图 13-17　"创建数据透视表"对话框

图 13-18　对字段进行布局

（4）将数据透视表的布局设置为"表格"，统计出每天迟到学生的姓名和次数，如图 13-19 所示。

（5）由于只需统计每个学生的迟到次数，不需要汇总每天所有学生迟到的总次数，因此可以将数据透视表中的分类汇总隐藏起来。在功能区的"数据透视表工具 | 设计"选项卡中单击"分类汇总"按钮，在弹出的菜单中选择"不显示分类汇总"命令，如图 13-20 所示。隐藏分类汇总之后的数据透视表如图 13-21 所示。

图 13-19　统计学生的迟到次数

图 13-20　选择"不显示分类汇总"命令

图 13-21　隐藏每天迟到总次数的分类汇总

13.2.2　统计学生的病假次数

本小节使用的示例数据来源于 13.2.1 节制作完成的数据透视表，在"数据透视表字段"窗格中对字段进行布局，如图 13-22 所示，将统计出学生的病假人数，如图 13-23 所示。

● 将"姓名"字段添加到"行"列表框。
● 将"病假"字段添加到"值"列表框。

图 13-22　对字段进行布局

图 13-23　统计学生的病假次数

13.3　统计学生成绩

学生成绩可以从一定程度上反映教师的教学质量，以及学生对所学知识的掌握程度。通过对学生成绩进行统计和分析，教师可以随时了解学生的学习情况，并及时调整自己的教学方式。本节将介绍使用数据透视表统计各班级各科总分和对各班级各科平均分排名的方法。

13.3.1　统计各个班级各学科的总分

如图 13-24 所示为高一年级各个班级所有学生各个学科的考试成绩，现在要统计各个班级各学科的总分，操作步骤如下：

	A	B	C	D	E	F	G
1	学号	姓名	性别	年级	班级	学科	成绩
2	G0001	郦籍泽	女	高一	一班	物理	71
3	G0002	卫彻	女	高一	五班	语文	56
4	G0003	蓬文豹	女	高一	三班	语文	54
5	G0004	扈晓心	男	高一	三班	数学	89
6	G0005	逢安	男	高一	四班	物理	51
7	G0006	袁碧白	女	高一	六班	数学	53
8	G0007	潘双如	男	高一	六班	物理	60
9	G0008	时仁	女	高一	六班	物理	66
10	G0009	蓟尧	女	高一	三班	英语	96
11	G0010	巩垚	男	高一	三班	语文	70
12	G0011	路育璇	女	高一	二班	数学	91
13	G0012	万州	女	高一	一班	数学	71
14	G0013	岳昕山	女	高一	四班	语文	86
15	G0014	俞昕儒	男	高一	五班	英语	77
16	G0015	安井烁	男	高一	四班	化学	99
17	G0016	班彦勤	女	高一	一班	化学	73
18	G0017	童淘宁	女	高一	三班	语文	51
19	G0018	商压	女	高一	二班	语文	94
20	G0019	邓雨伯	男	高一	二班	化学	100

图 13-24　各个班级所有学生各个学科的考试成绩

（1）单击数据源中的任意一个单元格，然后在功能区的"插入"选项卡中单击"数据透视表"按钮，如图 13-25 所示。

（2）打开"创建数据透视表"对话框，如图 13-26 所示，数据源的完整区域将被自动填入"表 / 区域"文本框中，保持默认选项不变，直接单击"确定"按钮。

图 13-25　单击"数据透视表"按钮

图 13-26　"创建数据透视表"对话框

（3）在新建的工作表中创建一个空白的数据透视表，在"数据透视表字段"窗格中对字段进行布局，如图 13-27 所示。

- 将“班级”字段添加到“行”列表框。
- 将“学科”字段添加到“列”列表框。
- 将“分数”字段添加到“值”列表框。

（4）将数据透视表的布局设置为“表格”，统计出高一年级各个班级各学科的总分，如图 13-28 所示。

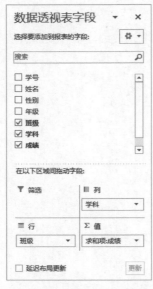

图 13-27　对字段进行布局

	A	B	C	D	E	F	G
1							
2	求和项:成绩	学科					
3	班级	化学	数学	物理	英语	语文	总计
4	二班	502	402	402	442	580	2328
5	六班	777	300	674	519	428	2698
6	三班	205	425	547	386	485	2048
7	四班	591	177	349	371	421	1909
8	五班	812	557	494	306	705	2874
9	一班	751	763	466	547	399	2926
10	总计	3638	2624	2932	2571	3018	14783

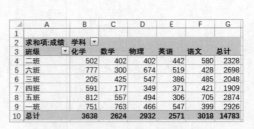

图 13-28　统计各个班级各学科的总分

（5）为了让“班级”字段中的班级名称按“一班、二班、三班、四班、五班、六班”的顺序排列，需要单击要调整的班级名称所在的单元格，然后使用鼠标拖动该单元格的边框到目标位置，如图 13-29 所示。

提示： *调整班级名称排列顺序的另一种方法是创建自定义序列，方法请参考第 5 章。*

如图 13-30 所示为调整班级名称排列顺序后的数据透视表。

	A	B	C	D	E	F	G
1							
2	求和项:成绩	学科					
3	班级	化学	数学	物理	英语	语文	总计
4	二班 A3:G3	502	402	402	442	580	2328
5	六班	777	300	674	519	428	2698
6	三班	205	425	547	386	485	2048
7	四班	591	177	349	371	421	1909
8	五班	812	557	494	306	705	2874
9	一班	751	763	466	547	399	2926
10	总计	3638	2624	2932	2571	3018	14783

图 13-29　手动调整班级之间的排列顺序

	A	B	C	D	E	F	G
1							
2	求和项:成绩	学科					
3	班级	化学	数学	物理	英语	语文	总计
4	一班	751	763	466	547	399	2926
5	二班	502	402	402	442	580	2328
6	三班	205	425	547	386	485	2048
7	四班	591	177	349	371	421	1909
8	五班	812	557	494	306	705	2874
9	六班	777	300	674	519	428	2698
10	总计	3638	2624	2932	2571	3018	14783

图 13-30　调整班级排列顺序之后的数据透视表

13.3.2　统计各个班级各学科的平均分

本小节使用的示例数据来源于 13.3.1 节制作完成的数据透视表，本例中的字段布局与 13.3.1 节相同。统计各个班级各学科的平均分的操作步骤如下：

（1）右击值区域中的任意一个单元格，在弹出的菜单中选择“值汇总依据”|“平均值”命令，如图 13-31 所示。将统计出各个班级各学科的平均分，如图 13-32 所示。

图 13-31　将成绩的汇总方式改为"平均值"

图 13-32　统计各个班级各学科的平均分

（2）为了让所有成绩都显示为正数，需要右击值区域中的任意一个单元格，在弹出的菜单中选择"数字格式"命令，如图 13-33 所示。

图 13-33　选择"数字格式"命令

（3）打开"设置单元格格式"对话框，在左侧列表框中选择"数值"，然后将右侧的"小数位数"设置为 0，如图 13-34 所示。

（4）单击"确定"按钮，关闭"设置单元格格式"对话框，数据透视表中的所有成绩都显示为整数，如图 13-35 所示。

图 13-34　设置数字的小数位数

平均值项:成绩	学科					
班级	化学	数学	物理	英语	语文	总计
一班	68	76	78	78	67	73
二班	84	80	67	63	83	75
三班	68	85	68	77	69	73
四班	74	59	70	62	84	71
五班	74	80	71	77	78	76
六班	78	60	75	74	86	75
总计	74	75	72	71	77	74

图 13-35　以整数显示的平均分

（5）单击数据透视表中的任意一个单元格，在功能区的"数据透视表工具 | 设计"选项卡中单击"总计"按钮，然后在弹出的菜单中选择"对行和列禁用"命令，如图 13-36 所示，将隐藏数据透视表中的行总计和列总计，完成后的数据透视表如图 13-37 所示。

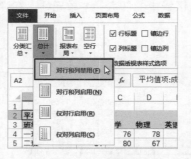

图 13-36　选择"对行和列禁用"命令

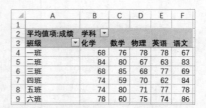

平均值项:成绩	学科				
班级	化学	数学	物理	英语	语文
一班	68	76	78	78	67
二班	84	80	67	63	83
三班	68	85	68	77	69
四班	74	59	70	62	84
五班	74	80	71	77	78
六班	78	60	75	74	86

图 13-37　隐藏数据透视表中的行总计和列总计

附录
Excel 快捷键

本附录列出了 Excel 中可以使用的快捷键，不止一个按键时，各按键之间以 + 号相连。

附录 1　工作簿基本操作

快　捷　键	功　　能
F10	打开或关闭功能区命令的按键提示
F12	打开"另存为"对话框
Ctrl+F1	显示或隐藏功能区
Ctrl+F4	关闭选定的工作簿窗口
Ctrl+F5	恢复选定工作簿窗口的窗口大小
Ctrl+F6	切换到下一个工作簿窗口
Ctrl+F7	使用方向键移动工作簿窗口
Ctrl+F8	调整工作簿窗口大小
Ctrl+F9	最小化工作簿窗口
Ctrl+N	创建一个新的空白工作簿
Ctrl+O	打开"打开"对话框
Ctrl+S	保存工作簿
Ctrl+W	关闭选定的工作簿窗口
Ctrl+F10	最大化或还原选定的工作簿窗口

附录 2　在工作表中移动和选择

快 捷 键	功 能
Tab	在工作表中向右移动一个单元格
Enter	默认向下移动单元格，可在"Excel 选项"对话框的"高级"选项卡中设置
Shift+Tab	可移到工作表中的前一个单元格
Shift+Enter	向上移动单元格
方向键	在工作表中向上、下、左、右移动单元格
Ctrl+ 方向键	移到数据区域的边缘
Ctrl+ 空格键	可选择工作表中的整列
Shift+ 方向键	将单元格的选定范围扩大一个单元格
Shift+ 空格键	可选择工作表中的整行
Ctrl+A	选择整个工作表。如果工作表包含数据，则选择当前区域。当插入点位于公式中某个函数名称的右边时，将打开"函数参数"对话框
Ctrl+Shift+ 空格键	选择整个工作表。如果工作表中包含数据，则选择当前区域。当某个对象处于选定状态时，选择工作表上的所有对象
Ctrl+Shift+ 方向键	将单元格的选定范围扩展到活动单元格所在列或行中的最后一个非空单元格。如果下一个单元格为空，则将选定范围扩展到下一个非空单元格
Home	移到行首
Home	当 Scroll Lock 处于开启状态时，移动到窗口左上角的单元格
End	当 Scroll Lock 处于开启状态时，移动到窗口右下角的单元格
PageUp	在工作表中上移一个屏幕
PageDown	在工作表中下移一个屏幕
Alt+PageUp	可在工作表中向左移动一个屏幕
Alt+PageDown	可在工作表中向右移动一个屏幕
Ctrl+End	移动到工作表中的最后一个单元格
Ctrl+Home	移到工作表的开头
Ctrl+PageUp	可移到工作簿中的上一个工作表
Ctrl+PageDown	可移到工作簿中的下一个工作表
Ctrl+Shift+*	选择环绕活动单元格的当前区域。在数据透视表中选择整个数据透视表
Ctrl+Shift+End	将单元格选定区域扩展到工作表中所使用的右下角的最后一个单元格
Ctrl+Shift+Home	将单元格的选定范围扩展到工作表的开头
Ctrl+Shift+PageUp	可选择工作簿中的当前和上一个工作表
Ctrl+Shift+PageDown	可选择工作簿中的当前和下一个工作表

附录 3 在工作表中编辑

快 捷 键	功 能
Esc	取消单元格或编辑栏中的输入
Delete	在公式栏中删除光标右侧的一个字符
Backspace	在公式栏中删除光标左侧的一个字符
F2	进入单元格编辑状态
F3	打开"粘贴名称"对话框
F4	重复上一个命令或操作
F5	打开"定位"对话框
F8	打开或关闭扩展模式
F9	计算所有打开的工作簿中的所有工作表
F11	创建当前范围内数据的图表
Ctrl+'	将公式从活动单元格上方的单元格复制到单元格或编辑栏中
Ctrl+;	输入当前日期
Ctrl+`	在工作表中切换显示单元格值和公式
Ctrl+0	隐藏选定的列
Ctrl+6	在隐藏对象、显示对象和显示对象占位符之间切换
Ctrl+8	显示或隐藏大纲符号
Ctrl+9	隐藏选定的行
Ctrl+C	复制选定的单元格。连续按两次 Ctrl+C 快捷键将打开 Office 剪贴板
Ctrl+D	使用"向下填充"命令将选定范围内最顶层单元格的内容和格式复制到下面的单元格中
Ctrl+F	打开"查找和替换"对话框的"查找"选项卡
Ctrl+G	打开"查找和替换"对话框的"定位"选项卡
Ctrl+H	打开"查找和替换"对话框的"替换"选项卡
Ctrl+K	打开"插入超链接"对话框或为现有超链接打开"编辑超链接"对话框
Ctrl+R	使用"向右填充"命令将选定范围最左边单元格的内容和格式复制到右边的单元格中
Ctrl+T	打开"创建表"对话框
Ctrl+V	粘贴已复制的内容
Ctrl+X	剪切选定的单元格
Ctrl+Y	重复上一个命令或操作

快 捷 键	功 能
Ctrl+Z	撤销上一个命令或删除最后键入的内容
Ctrl+F2	打开打印面板
Ctrl+ 减号	打开用于删除选定单元格的"删除"对话框
Ctrl+Enter	使用当前内容填充选定的单元格区域
Alt+F8	打开"宏"对话框
Alt+F11	打开 Visual Basic 编辑器
Alt+Enter	在同一单元格中另起一个新行，即在一个单元格中换行输入
Shift+F2	添加或编辑单元格批注
Shift+F4	重复上一次查找操作
Shift+F5	打开"查找和替换"对话框中的"查找"选项卡
Shift+F8	使用方向键将非邻近单元格或区域添加到单元格的选定范围中
Shift+F9	计算活动工作表
Shift+F11	插入一个新工作表
Ctrl+Alt+F9	计算所有打开的工作簿中的所有工作表
Ctrl+Shift+"	将值从活动单元格上方的单元格复制到单元格或编辑栏中
Ctrl+Shift+(	取消隐藏选定范围内所有隐藏的行
Ctrl+Shift+)	取消隐藏选定范围内所有隐藏的列
Ctrl+Shift+A	当插入点位于公式中某个函数名称的右边时，将会插入参数名称和括号
Ctrl+Shift+U	在展开和折叠编辑栏之间切换
Ctrl+Shift+ 加号	打开用于插入空白单元格的"插入"对话框
Ctrl+Shift+;	输入当前时间

附录 4　在工作表中设置格式

快 捷 键	功 能
Ctrl+B	应用或取消加粗格式设置
Ctrl+I	应用或取消倾斜格式设置
Ctrl+U	应用或取消下画线
Ctrl+1	打开"设置单元格格式"对话框
Ctrl+2	应用或取消加粗格式设置
Ctrl+3	应用或取消倾斜格式设置
Ctrl+4	应用或取消下画线

快　捷　键	功　　能
Ctrl+5	应用或取消删除线
Ctrl+Shift+ ～	应用"常规"数字格式
Ctrl+Shift+!	应用带有千位分隔符且负数用负号表示的"货币"格式
Ctrl+Shift+%	应用不带小数位的"百分比"格式
Ctrl+Shift+^	应用带有两位小数的"指数"格式
Ctrl+Shift+#	应用带有日、月和年的"日期"格式
Ctrl+Shift+@	应用带有小时和分钟以及 AM 或 PM 的"时间"格式
Ctrl+Shift+&	对选定单元格设置外边框
Ctrl+Shift+_	删除选定单元格的外边框
Ctrl+Shift+F	打开"设置单元格格式"对话框并切换到"字体"选项卡
Ctrl+Shift+P	打开"设置单元格格式"对话框并切换到"字体"选项卡